高职高专机械类专业规划教材

数控车床编程 与加工实训教程

主 编◎房连琨 王洪艳 贾绍勇

主 审◎孙树东

SHUKONG CHECHUANG BIANCHENG YU JIAGONG SHIXUN JIAOCHENG

U0338728

重庆大学出版社

内容简介

本书分为三个模块,若干个项目。主要包括数控车床编程与加工的基本概念、原理及功能,数控车床编程的方法及典型零件的编程加工。项目内容循序渐进,集理论、实训教学为一体,适合作为高职高专、成人高校机电一体化专业、机械制造专业及数控专业的教材,也可以作为从事数控加工、培训人员辅助用书。

图书在版编目(CIP)数据

数控车床编程与加工实训教程/房连琨、王洪艳、贾绍勇主编. -- 重庆:重庆大学出版社,2017.11

高职高专机械类专业规划教材

ISBN 978-7-5689-0892-4

Ⅰ.①数… Ⅱ.①房…②王…③贾… Ⅲ.①数控机床—车床—程序设计—高等职业教育—教材②数控机床—车床—加工工艺—高等职业教育—教材 Ⅳ.①TG519.1

中国版本图书馆 CIP 数据核字(2017)第 275996 号

数控车床编程与加工实训教程

主 编 房连琨 王洪艳 贾绍勇
主 审 孙树东
策划编辑:周 立
责任编辑:文 鹏 版式设计:周 立
责任校对:邬小梅 责任印制:赵 晟

*

重庆大学出版社出版发行
出版人:易树平
社址:重庆市沙坪坝区大学城西路 21 号
邮编:401331
电话:(023) 88617190 88617185(中小学)
传真:(023) 88617186 88617166
网址:http://www.cqup.com.cn
邮箱:fxk@cqup.com.cn(营销中心)
全国新华书店经销
重庆学林建达印务有限公司印刷

*

开本:787mm×1092mm 1/16 印张:12.75 字数:302 千
2017 年 11 月第 1 版 2017 年 11 月第 1 次印刷
印数:1—2 000
ISBN 978-7-5689-0892-4 定价:32.00 元

前　言

技术的飞速发展,社会对产品多样化的要求日益强烈,产品更新越来越快,多品种、中小批量生产的比重明显增加;同时,随着航空工业、汽车工业和轻工消费品生产的高速增长,复杂形状的零件越来越多,精度要求也越来越高;此外,激烈的市场竞争要求产品研制生产周期越来越短,传统的加工设备和制造方法已难以适应这种多样化、柔性化与复杂形状的高效率、高质量加工要求。因此,近几十年来,能有效解决复杂、精密、小批多变零件加工问题的数控(NC)加工技术得到了迅速发展和广泛应用,使制造技术发生了根本性的变化。努力发展数控加工技术,并向更高层次的自动化、柔性化、敏捷化、网络化和数字化制造方向推进,是当前机械制造业发展的方向。

数控机床编程与加工是高职高专机械类、机电类特别是数控技术及应用专业的核心课程,它的实践性、综合性、灵活性较强,其理论源于生产实际,是长期生产实践的总结。学习本课程必须注重理论同生产实践结合,多深入生产实际,根据不同的现场条件灵活运用理论知识,以获得解决生产实践问题的最佳方案,而数控机床编程与加工的实践教学环节更是重中之重。这就对这门课的实践教学方法和内容提出新的要求,基于工作过程对于数控机床编程与加工实践教学进行规划,促使以理论教学为主的课堂教学阶段向理实一体化教学阶段转变。

高职高专的培养目标是"服务于生产一线的应用型技术人才",因此学生不仅需要有必备的数控理论知识和编制程序的能力,更要具有在数控机床上实际操作的应用能力。因此,应重新制订实训课程教学大纲,有效避免此前因理论和实践脱节而出现的教学内容重复现象,在教学内容设计上针对性更强,使理论教学与实践教学的衔接比较合理。基于上述原因编写本书。

1. 编写原则

实践课程的设计思想是:基于"工作过程"进行课程建设,围绕"工作任务"理顺课程内容,结合工作任务设计实践教学体系。

(1)以掌握、运用理论知识为基础设计实践课程

本课程是一门实践性很强的课程,许多理论知识都是从实践中总结出来的,如果只是在课堂上讲解,学生必然感到枯燥,而且脱离实际的讲授使学生无法正确理解知识。例如数控夹具内容的讲授,就直接在实验室进行,通过具体的案例现场示范、讲解,学生动手操作。因此以掌握、运用为出发点,组织安排实践内容,使学生对知识的理解通过感性认识上升到理性认识。

(2)以提高动手能力为目的

本课程培养的人才是适应生产一线需要的高技能人才,动手能力是必须具备的,对工艺装备的调整能力是决定其技能水平高低的关键能力。因此,实践课程应以学生为中心,以独立思考解决问题为手段。

2. 课程培养目标

本课程培养主要就业岗位为数控机床编程与加工操作人员,其核心能力为数控程序编制

能力、数控加工操作与调整能力。这就要求学生首先掌握机床操作技能,成为一名熟练的数控机床操作人员,继而获得岗位所需的实际工艺知识。本课程要求学生综合运用所学的知识,对指定的零件从工艺分析入手,能够进行数控加工工艺设计与编程,并操作数控机床,加工出合格的零件,为将来走上社会从事数控工艺设计、数控加工编程等工作打下坚实的基础。

3.实践教学效果

本课程依据基于工作过程开发的典型工作任务,选择合适的项目、任务、案例等构建的学习领域,每一次教学都有明确的能力目标,根据选定的训练学生能力的工作任务选择合适的行动导向的教学法,实现了教、学、做一体化。在基于"工作过程"的课程建设以前,很多学生认为本课程是比较难学且枯燥的一门课,很多看似普通的加工方法却是"知其然,而不知其所以然",造成了学生的畏难情绪。改革后的课程,使学生有更多的机会接触生产实际,提高了他们的学习兴趣,在学生中形成一种"因为要用,所以要学"的氛围。

本书适用于作为高职学院机电一体化专业 、机械制造专业及数控专业的教材,也可以作为数控培训人员的辅助用书。

本书分为三个模块,由房连琨(辽宁地质工程职业学院)、王洪艳(辽宁地质工程职业学院)、贾绍勇(丹东运通恒业汽车有限公司)任主编,孙树东为主审。房连琨编写模块一、模块二中项目一至项目五,王洪艳编写模块三中项目二至项目十,贾绍勇编写模块二中项目六至项目十、模块三中项目一。全书由房连琨负责统稿,孙树东主审。

本书在编写过程中,参阅了许多教材、文献和网络上的资料,在此谨致谢意!

由于编者水平有限,书中难免有错误之处,恳请读者批评指正。

编 者

2017 年 1 月

目　录

模块一

数控车床安全操作

任务一　数控车床安全操作规程

【教学目标】

●理解掌握数控车床安全操作规程。

【教学难点】

●数控车床安全操作规程。

一、讲解内容

1. 安全操作注意事项

①工作时穿好工作服并扎紧袖口,穿好安全鞋,戴好工作帽且长头发要放入帽内,以及戴好防护镜,严禁戴手套操作机床。

②不要移动或损坏安装在机床上的警告标牌。

③不要在机床周围放置障碍物,工作空间应足够大。

④某一项工作如需要两人或多人共同完成时,应注意相互间的协调。

⑤不允许采用压缩空气清洗机床、电气柜及 NC 单元。

⑥任何人员违反上述规定或学院的规章制度,实习指导人员或设备管理员有权停止其使用、操作,并根据情节轻重,报学院相关部门处理。

2. 工作前的准备工作

①机床开始工作前要预热,认真检查润滑系统工作是否正常,如机床长时间未开动,可先采用手动方式向各部分供油润滑。

②使用的刀具应与机床允许的规格相符,有严重破损的刀具要及时更换。

③调整刀具,所用工具不要遗忘在机床内。

④检查大尺寸轴类零件的中心孔是否合适,以免发生危险。

⑤刀具安装好后应进行一、二次试切削。

⑥认真检查卡盘夹紧的工作状态。

⑦机床开动前,必须关好机床防护门。

3. 工作过程中的安全事项

①禁止用手接触刀尖和铁屑,铁屑必须要用铁钩子或毛刷来清理。

②禁止用手或其他任何方式接触正在旋转的主轴、工件或其他运动部位。

③禁止加工过程中测量、变速,更不能用棉丝擦拭工件,也不能清扫机床。

④车床运转中,操作者不得离开岗位,机床发现异常现象立即停车。

⑤经常检查轴承温度,过高时应找有关人员进行检查。

⑥在加工过程中,不允许打开机床防护门。

⑦严格遵守岗位责任制,机床由专人使用,未经同意不得擅自使用。

⑧工件伸出车床 100 mm 以外时,须在伸出位置设防护物。

⑨禁止进行尝试性操作。

⑩手动原点回归时,注意机床各轴位置要距离原点 -100 mm 以上,机床原点回归顺序为:先 +X 轴,后 +Z 轴。

⑪使用手轮或快速移动方式移动各轴位置时,一定要看清机床 X、Z 轴各方向 +、- 号标牌后再移动。移动时,先慢转手轮观察机床移动方向无误后方可加快移动速度。

⑫编完程序或将程序输入机床后,须先进行图形模拟,准确无误后再要进行机床试运行,并且刀具应离开工件端面 200 mm 以上。

⑬程序运行注意事项:

● 对刀应准确无误,刀具补偿号应与程序调用刀具号符合。

● 检查机床各功能按键的位置是否正确。

● 光标要放在主程序开头。

● 加注适量冷却液。

● 站立位置应合适,启动程序时,右手做按停止按钮准备,程序在运行当中手不能离开停止按钮,如有紧急情况立即按下停止按钮。

⑭加工过程中应认真观察切削及冷却状况,确保机床、刀具的正常运行及工件的质量。关闭防护门以免铁屑、润滑油飞出。

⑮在程序运行中须暂停测量工件尺寸时,要待机床完全停止、主轴停转后方可进行测量,以免发生人身事故。

⑯关机时,要等主轴停转 3 分钟后方可关机。

⑰未经许可禁止打开电气箱。

⑱各手动润滑点必须按说明书要求润滑。

⑲修改程序的钥匙在程序调整完后要立即拿掉,不得插在机床上,以免无意改动程序。

⑳机床若数天不使用,则每隔一天应对 NC 及 CRT 部分通电 2~3 h。

4. 工作完成后的注意事项

①清除切屑、擦拭机床;使机床与环境保持清洁状态。

②注意检查或更换磨损坏了的机床导轨上的油察板。

③检查润滑油、冷却液的状态,及时添加或更换。

④依次关掉机床操作面板上的电源和总电源。

二、现场参观,实物认知

教师以现场实际的数控车床、数控铣床及加工中心为介绍对象,介绍数控机床安全操作规程,理论联系实际,使学生对数控机床的安全操作规程有更深入的认识。

任务二　数控车床加工实训学生守则

【教学目标】

● 理解掌握数控车床加工实习守则。

【教学难点】

● 数控车床加工实习守则。

一、讲解内容

①遵守劳动纪律,听从指导教师指导,对无故违反劳动纪律和不听从指导教师劝告者,取消其实习资格。

②严格遵守安全操作规程,认真听从指导老师讲解,对违反操作规程、不听从指导教师劝告者,应暂停其实习,情节严重者取消其实习资格。

③实习时必须穿工作服,不能穿拖鞋,女生必须戴工作帽,不得穿高跟鞋,操作机床严禁戴手套。

④实习时不看与实习无关的书籍、报刊,不戴耳机;车间内不准追逐、打闹、喧哗。

⑤在指导教师指导下,及时在指定部位加油润滑,保证机床内油路畅通。

⑥开车前,必须检查机床各手柄及运动部分是否正常。

⑦未了解机床性能或未经指导教师许可,不得擅自开动机床。

⑧根据被加工零件要求,合理选用刀具、夹具,保证装夹牢固可靠。

⑨加工时,必须停车变速;机床运转时,严禁用手触摸工件及运转部分或测量工件。

⑩切削过程中不得用棉纱擦工件或刀具等,清除切屑必须用铁钩或毛刷进行。

⑪操作中不得擅自离开工作岗位,要按工艺规程操作,不得任意改变切削用量。

⑫被分到同一台机床上的几名同学,应分别单人独立操作,完成零件加工,其他同学不得同时操作同一台机床。

⑬坚持文明生产,机床导轨及工作台上不得乱放工具、量具。

⑭下班时,必须擦净机床,在指定部位加油,关好电源,整理干净实习场地。

⑮认真完成各个工种所要求的实习作业件。

⑯实习结束前,认真填写实习报告,按时参加考试。

二、视频资料播放

播放实际生产中发生的具体安全事例,加深学生对安全生产重要性的认识,养成良好的操作习惯,牢记安全生产的重要性。

模块二

数控车床编程

项目一　数控车床概述

任务一　数控车床的认知

【教学目标】
- 了解本课程的性质和任务;
- 了解数控车床的入门知识;
- 熟悉数控及数控车床的概念;
- 熟悉数控车床的工作原理。

【教学难点】
- 数控车床的分类及作用;
- 数控车床的结构、组成及工作原理。

一、讲解内容

1.概念

(1)数控

数字控制(Numerical Control),简称数控(NC),它是采用数字化信息实现加工自动化的控制技术。

(2)数控车床

用数字化信号对车床及其加工过程进行控制的车床,称作数控车床。

2.数控车床的产生和发展

(1)数控车床的产生

1952 年,美国 PARSONS 公司与麻省理工学院(MIT)合作研制了第一台三坐标数控铣床,它综合了应用电子计算机、自动控制、伺服驱动、精密检测与新型机械结构等多方面的技术成果,是一种新型的机床,可用于加工复杂曲面零件。

(2)数控机床的发展

第一代:1952年起由电子管电路构成的专用数控(NC)。

第二代:1959年起由晶体管数字电路组成的专用数控(NC)。

第三代:1965年起由中、小规模集成数字电路组成的小型通用计算机数控(NC)。

第四代:1970年起由大规模集成数字电路组成的小型通用计算机数控(CNC)。

第五代:1974年开始采用微处理器和半导体存储器的微型计算机数控(MNC)。

3.数控车床的工作原理及组成

1)数控车床原理

数控车床加工零件时,首先应编制零件的数控程序,这是数控车床的工作指令。将数控程序输入数控装置,再由数控装置控制数控车床主运动的变速、启停,进给运动的方向、速度和位移大小,以及其他诸如刀具选择交换、工件夹紧松开和冷却润滑的启、停等动作,使刀具与工件及其他辅助装置严格按照数控程序规定的顺序、路程和参数进行工作,从而加工出形状、尺寸与精度符合要求的零件。

2)数控车床的组成

数控车床一般由输入/输出设备、数控装置、伺服系统、测量反馈装置、机床本体,如图2.1.1所示。

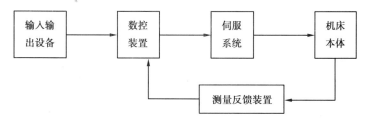

图2.1.1 数控车床的组成

(1)输入/输出设备

输入装置是将各种加工信息传递于计算机的外部设备。在数控车床产生初期,输入装置为穿孔纸带,现已淘汰,后发展成盒式磁带,再发展成键盘、磁盘等便携式硬件,极大方便了信息输入工作,现通用DNC网络串行通信的方式输入。

输出是指输出内部工作参数(含机床正常、理想工作状态下的原始参数,故障诊断参数等),一般在机床刚工作状态需输出这些参数作记录保存,待工作一段时间后,再将输出与原始资料作比较、对照,可帮助判断机床工作是否维持正常。

(2)数控装置(CNC单元)

CNC单元是数控车床的核心。CNC单元由信息的输入、处理和输出三个部分组成。CNC单元接收数字化信息,经过数控装置的控制软件和逻辑电路进行译码、插补、逻辑处理后,将各种指令信息输出给伺服系统,伺服系统驱动执行部件作进给运动。

（3）伺服单元

伺服单元由驱动器、驱动电机组成，并与车床上的执行部件和机械传动部件组成数控机床的进给系统。它的作用是把来自数控装置的脉冲信号转换成车床移动部件的运动。对于步进电机来说，每一个脉冲信号使电机转过一个角度，进而带动车床移动部件移动一个微小距离。每个进给运动的执行部件都有相应的伺服驱动系统，整个车床的性能主要取决于伺服系统。

驱动装置把经放大的指令信号变为机械运动，通过简单的机械连接部件驱动车床，使工作台精确定位或按规定的轨迹作严格的相对运动，最后加工出图纸所要求的零件。和伺服单元相对应，驱动装置有步进电机、直流伺服电机和交流伺服电机等。伺服单元和驱动装置可合称为伺服驱动系统，它是车床工作的动力装置，CNC 装置的指令要靠伺服驱动系统付诸实施，所以，伺服驱动系统是数控机床的重要组成部分。

可编程控制器（PC，Programmable Controller）是一种以微处理器为基础的通用型自动控制装置，专为在工业环境下应用而设计。由于最初研制这种装置的目的是为了解决生产设备的逻辑及开关控制，故称它为可编程逻辑控制器（PLC，Programmable Logic Controller）。当 PLC 用于控制车床顺序动作时，也可称为编程机床控制器（PMC，Programmable Machine Controller）。PLC 已成为数控车床不可缺少的控制装置。CNC 和 PLC 协调配合，共同完成对数控车床的控制。

（4）测量反馈装置

测量装置也称反馈元件，包括光栅、旋转编码器、激光测距仪、磁栅等。它通常安装在车床的工作台或丝杠上，它把车床工作台的实际位移转变成电信号反馈给 CNC 装置，供 CNC 装置与指令值比较产生误差信号，以控制车床向消除该误差的方向移动。

（5）车床本体

数控车床的本体与传统车床相似，由主轴传动装置、进给传动装置、床身、工作台以及辅助运动装置、液压气动系统、润滑系统、冷却装置等组成。但数控车床在整体布局、外观造型、传动系统、刀具系统的结构以及操作机构等方面都已发生了很大的变化，这种变化的目的是为了满足数控车床的要求和充分发挥数控车床的特点。

3）数控车床的结构特点

与传统车床相比，数控车床的结构有以下特点：

①由于数控车床刀架的两个方向运动分别由两台伺服电动机驱动，所以它的传动链短；不必使用挂轮、光杠等传动部件，用伺服电动机直接与丝杠联结带动刀架运动；伺服电动机丝杠间也可以用同步皮带副或齿轮副联结。

②多功能数控车床是采用直流或交流主轴控制单元来驱动主轴，按控制指令作无级变速，主轴之间不必用多级齿轮副来进行变速。为扩大变速范围，现在一般还要通过一级齿轮副，以实现分段无级调速，即使这样，床头箱内的结构已比传统车床简单得多；另一个结构特点是刚度大，这是为了与控制系统的高精度控制相匹配，以便适应高精度的加工。

③刀架移动一般采用滚珠丝杠副。滚珠丝杠副是数控车床的关键机械部件之一，滚珠丝杠两端安装的滚动轴承是专用轴承，它的压力角比常用的向心推力球轴承要大得多。这种专用轴承配对安装，是选配的，最好在轴承出厂时就是成对的。

④为了拖动轻便，数控车床的润滑都比较充分，大部分采用油雾自动润滑。

⑤由于数控车床的价格较高、控制系统的寿命较长,所以数控车床的滑动导轨也要求耐磨性好。数控车床一般采用镶钢导轨,这样精度保持的时间就比较长,其使用寿命也可延长很多。

⑥数控车床还具有加工冷却充分、防护较严密等特点,自动运转时一般都处于全封闭或半封闭状态。

⑦数控车床一般还配有自动排屑装置。

4)数控车床的布局

典型数控车床的机械结构系统组成,包括主轴传动机构、进给传动机构、刀架、床身、辅助装置(刀具自动交换机构、润滑与切削液装置、排屑、过载限位)等部分。

数控车床床身导轨与水平面的相对位置如图2.1.2所示,它有4种布局形式:平床身、斜床身、平床身斜滑板、立床身。

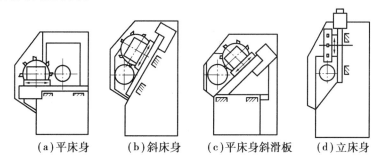

(a)平床身　　(b)斜床身　　(c)平床身斜滑板　　(d)立床身

图2.1.2　数控车床床身导轨与水平面的相对位置图

①水平床身(图2.1.2(a))的工艺性好,便于导轨面的加工。水平床身配上水平放置的刀架可进一步提高刀架的运动精度,一般可用于大型数控车床或小型精密数控车床的布局。但是水平床身由于下部空间小,故排屑困难。从结构尺寸上看,刀架水平放置使得滑板横向尺寸较长,从而加大了机床宽度方向的结构尺寸,如图2.1.3所示。

图2.1.3　数控车床水平床身

②水平床身配置倾斜放置的滑板(图2.1.2(c)),并配置倾斜式导轨防护罩。这种布局形式一方面有水平床身工艺性好的特点;另一方面,机床宽度方向的尺寸较水平配置滑板的要小,且排屑方便。水平床身配上倾斜放置的滑板和斜床身配置斜滑板布局形式被中、小型数控车床所普遍采用。此两种布局形式的特点是排屑轻易,热铁屑不会堆积在导轨上,也便于安装自动排屑器;操作方便,易于安装机械手,以实现单机自动化;机床占地面积小,外形简单、美观,轻易实现封闭式防护,如图2.1.4所示。

图 2.1.4　数控车床倾斜床身

③斜床身(图2.1.2(b))的导轨倾斜的角度分别为30°、45°、60°、75°和90°(称为立式床身),若倾斜角度小,排屑不便;若倾斜角度大,导轨的导向性差,受力情况也差。导轨倾斜角度的大小还会直接影响机床外形尺寸高度与宽度的比例。综合考虑上面的因素,中小规格的数控车床其床身的倾斜度以60°为宜。

立式床身的数控车床(图2.1.5)使用寿命长,采用硬面导轨,结构刚性好。

图 2.1.5　数控车床立床身

5)工作原理

使用数控机床时,首先要将被加工零件图纸的几何信息和工艺信息用规定的代码和格式编写成加工程序;然后将加工程序输入数控装置,按照程序的要求,经过数控系统信息处理、分配,使各坐标移动若干个最小位移量,实现刀具与工件的相对运动,完成零件的加工。

4.数控车床的分类

1)按车床主轴位置分类

(1)卧式数控车床

卧式数控车床又分为数控水平导轨卧式车床和数控倾斜导轨卧式车床。其倾斜导轨结构可以使车床具有更大的刚性,并易于排除切屑,如图2.1.6所示。

图 2.1.6　卧式数控车床

（2）立式数控车床

立式数控车床简称为数控立车,其车床主轴垂直于水平面,有一个直径很大的圆形工作台,用来装夹工件。这类机床主要用于加工径向尺寸大、轴向尺寸相对较小的大型复杂零件,如图 2.1.7 所示。

图 2.1.7　立式数控车床

2）按刀架数目分类

（1）单刀架数控车床

数控车床一般都配置有各种形式的单刀架,如四工位卧动转位刀架或多工位转塔式自动转位刀架,如图 2.1.8 所示。

图 2.1.8　单刀架数控车床

（2）双刀架数控车床

这类车床的双刀架配置平行分布，也可以相互垂直分布，如图2.1.9所示。

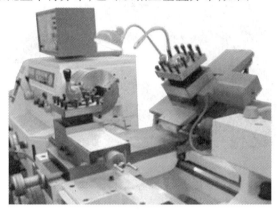

图2.1.9　双刀架数控车床

3）按功能分类

（1）经济型数控车床

采用步进电动机和单片机对普通车床的进给系统进行改造后形成的简易型数控车床，成本较低，但自动化程度和功能都比较差，车削加工精度也不高，适用于要求不高的回转类零件的车削加工，如图2.1.10所示。

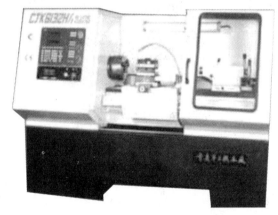

图2.1.10　经济型数控车床

（2）普通数控车床

普通数控车床是根据车削加工要求在结构上进行专门设计并配备通用数控系统而形成的数控车床。其数控系统功能强，自动化程度和加工精度也比较高，适用于一般回转类零件的车削加工。这种数控车床可同时控制两个坐标轴，即 X 轴和 Z 轴，如图2.1.11所示。

（3）车削加工中心

在普通数控车床的基础上，增加了 C 轴和动力头，更高级的数控车床带有刀库，可控制 X、Z 和 C 三个坐标轴，联动控制轴可以是（X、Z）、（X、C）或（Z、C）。由于增加了 C 轴和铣削动力头，这种数控车床的加工功能大大增强，除可以进行一般车削外，还可以进行径向和轴向铣削、曲面铣削、中心线不在零件回转中心的孔和径向孔的钻削等加工，如图2.1.12所示。

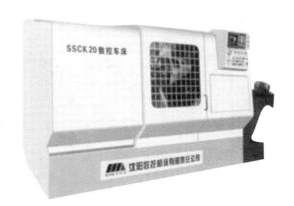

图 2.1.11　普通数控车床

图 2.1.12　车削加工中心内部示意图

4)按控制方式分类(按伺服系统的控制原理分类)

(1)开环控制的数控机床

其工作原理如图 2.1.13 所示。

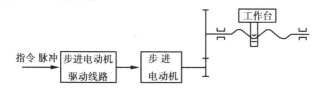

图 2.1.13　开环控制的数控机床

(2)闭环控制的数控机床

其工作原理如图 2.1.14 所示。

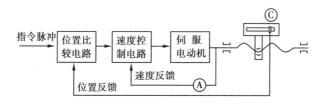

图 2.1.14　闭环控制的数控机床

（3）半闭环控制的数控机床

其工作原理如图 2.1.15 所示。

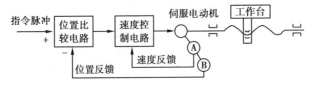

图 2.1.15　半闭环控制的数控机床

5.数控车床的应用

1）数控车床的精度

数控车床的精度主要是指加工精度、定位精度和重复精度,精度是数控车床的重要技术指标之一。由于数控车床是以数字的形式给出相应的脉冲指令进行加工,数控车床的脉冲当量（即输出一个脉冲,数控车床各运动部件的角位移量）就自然地与精度保持了某种联系。按不同精度等级的数控车床的要求,脉冲当量通常为 0.01 ~ 0.000 1 mm/脉冲。由于数控车床的进给传动链的反向间隙和丝杠螺距误差均可进行自动补偿,因此数控车床一般都具有较高的加工精度。

（1）加工精度

长期的实践表明:一般中、小型数控车床（非精密型）的加工精度值约为脉冲当量的 10 倍,因此数控机床的加工精度通常为 0.1 ~ 0.001 mm。

（2）定位精度

定位精度通常是加工精度的 1/2 ~ 1/3,因此数控车床的定位精度通常为 0.05 ~ 0.000 5 mm。

（3）重复精度

重复定位精度是定位精度的 1/2 ~ 1/3,因此数控车床的重复定位精度通常为 0.025 ~ 0.000 25 mm。

从总体上说,由于数控车床的传动系统和机床结构具有很高的静、动刚度和稳定性,车床本身具有很高的加工精度,特别是数控车床的自动加工方式避免了操作者的人为误差,因此,同一批零件的尺寸一致性非常好,加工质量稳定,产品合格率高。

2）数控机床的适用范围

一般来说,数控机床特别适合于加工零件较复杂、精度要求高、产品更新频繁、生产周期要求短的场合。当零件不太复杂,生产批量又较小时,宜采用通用机床;当生产批量很大,宜采用专用机床;而随着零件复杂程度的提高,数控机床越显得适用。目前,随着数控机床的普及,应用范围的扩大,在多品种、中小批量生产情况下,采用数控机床总费用更为合理。

根据数控加工的优缺点及国内外大量应用实践,一般可按适用程度将零件分为三类:

（1）最适用类

①形状复杂,加工精度要求高,用通用机床无法加工或虽然能加工但很难保证产品质量的零件。

②用数学模型描述的复杂曲线或曲面轮廓零件。

③有难测量、难控制进给、难控制尺寸的不开敞内腔的壳体或盒型零件。

④必须在依次装夹中合并完成铣、镗、铰或螺纹等多工序的零件。

（2）较适用类

①在通用机床加工时极易受人为因素（如情绪波动、体力强弱、技术水平高低等）干扰，零件价值又高，一旦质量失控会造成重大经济损失的零件。

②在通用机床上加工时必须制造复杂的专用工装的零件。

③需要多次更改设计后才能定型的零件。

④在通用机床上加工需要作长时间调整的零件。

⑤用通用机床加工时，生产率很低或体力劳动强度很大的零件。

（3）不适用类

①生产批量大的零件。

②装夹困难或完全靠找正定位来保证加工精度的零件。

③加工余量不稳定，且数控机床上无在线检测系统可自动调整零件坐标位置的零件。

④必须用特定的工艺装备协调加工的零件。

二、现场参观，实物认知

教师以现场实际的数控车床为介绍对象，简单介绍数控车床的结构、组成及工作过程，理论联系实际，使学生对数控车床的工作原理有更深入的认识。

三、布置任务、完成任务

学生根据教师布置的任务，按要求分组，并通过教师提供的知识资源完成总结性报告（电子版）资料的搜集与整理。教师巡回指导，引导学生完成资料的查找与搜集工作。

四、课后作业

课下将总结性报告系统成文，下一次课上交。要求学生在课下搜集更多与先进制造技术相关的知识，以扩充报告的内容，拓展学生视野。完成一篇数控技术及先进制造技术的总结性报告，内容要体现以下几个方面：

①阐述数控相关概念，详述数控机床的产生及发展过程并指明数控机床的发展趋势。

②结合数控机床的分类，总结数控机床在现代制造业中的作用并突出其重要地位。

③以一种数控机床（数控车/铣及加工中心）为例，分析并说明它的结构、组成及工作原理。

任务二　数控车床坐标系

【教学目标】

● 掌握数控车床坐标概念；

● 了解数控车床坐标轴及其运动方向；

● 熟悉掌握车床坐标系和工件坐标系设定方法。

【教学难点】

● 数控车床坐标系的概念；

● 数控车床坐标系的确定方法。

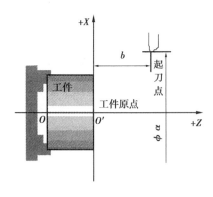

图 2.1.16 笛卡尔坐标系

一、讲解内容

1. 直角笛卡尔坐标系

数控车床坐标轴的指定方法已标准化,我国在 JB/T 3051 中规定了各种数控车床的坐标轴和运动方向。标准的坐标系采用右手直角笛卡尔坐标系,如图 2.1.16 所示。大拇指的方向为 X 轴正方向,食指为 Y 轴的正方向,中指为 Z 轴的正方向(中指垂直于手掌平面)。同时规定了分别平行于 X、Y、Z 轴的第一组附加轴为 U、V、W;第二组附加轴为 P、Q、R。规定绕 X、Y、Z 轴的旋转轴为 A、B、C 轴,A、B、C 旋转方向判断方法是右手螺旋法则:右手握住轴,大拇指指向轴的正方向,则四指弯曲的方向为相对此轴的正方向。

2. 坐标轴及其运动方向

不论车床的具体结构如何,全都采用标准的右手直角笛卡尔坐标系,无论是工件静止、刀具运动,还是工件运动、刀具静止,数控车床的坐标运动都是刀具相对于工件的运动,即永远假定刀具相对于静止的工件而运动。且车床某一坐标轴运动的正方向,是增大工件和刀具之间距离的方向。

3. 坐标轴的指定

在确定车床坐标轴时,一般先确定 Z 轴,然后确定 X 轴和 Y 轴,最后确定其他轴。GB/T 19660—2005《工业自动化系统与集成机床数值控制坐标系统运动命名》标准中规定,车床运动的正方向是增大工件和刀具之间距离的方向。

①Z 轴是由传递切削力的主轴确定的,与主轴轴线平行的坐标轴即为 Z 轴,如图 2.1.17 所示。

如果车床没有主轴,则 Z 轴垂直于工件装夹表面。同时规定刀具远离工件的方向作为 Z 轴的正方向。例如在钻镗加工中,钻入和镗入工件的方向为 Z 坐标的负方向,而退出为正方向。

②X 轴是水平的,平行于工件的装夹面,且垂直于 Z 轴。这是在刀具或工件定位平面内运动的主要坐标。对于工件旋转的机床

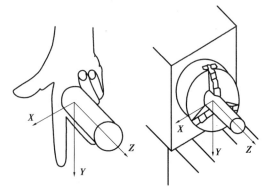

图 2.1.17 笛卡尔坐标系确定 Z 轴

(如车床、磨床等),X 坐标的方向是在工件的径向上,且平行于横滑座。规定刀具离开工件旋转中心的方向为 X 轴正方向,如图 2.1.18 所示。

③Y 轴垂直于 X、Z 坐标轴。根据 X 和 Z 坐标的正方向,按照右手直角笛卡儿坐标系来判断 Y 轴运动的正方向,如图 2.1.19 所示。

④围绕坐标轴 X、Y、Z 旋转的运动,分别用 A、B、C 表示,它们的正方向用右手螺旋法则

判定。

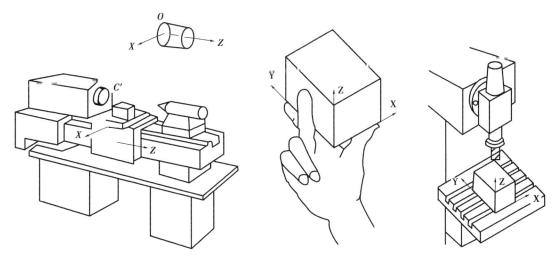

图 2.1.18 笛卡尔坐标系确定 X 轴　　　　　图 2.1.19 笛卡尔坐标系确定 Y 轴

⑤如果除 X、Y、Z 坐标以外,还有平行于它们的坐标,可分别指定为 P、Q 和 R,为附加轴坐标。

4. 机床坐标系与工件坐标系

1) 机床坐标系

前面建立的数控机床标准坐标系为确立数控机床坐标系打下了基础,其关键是确定数控机床坐标系的零点(原点)。数控机床设计有机床零点 M,机床零点 M 是确定数控机床坐标系的零点以及其他坐标系和机床参考点(或基准点)的出发点。也就是说,数控机床坐标系是由生产厂家事先确定的,可由机床用户使用说明书(手册)中查到。

通常车床的机床零点多在主轴法兰盘接触面的中心即主轴前端面的中心上。主轴即为 Z 轴,主轴法兰盘接触面的水平面则为 X 轴。$+X$ 轴和 $+Z$ 轴的方向指向加工空间。

2) 机床参考点 R

数控机床坐标系是机床固有的坐标系统,它是通过操作刀具返回机床零点 M 的方法建立的。但是,在大多数情况下,当已装好刀具和工件时,机床的零点已不可能返回,因而需设参考点 R。机床参考点 R 是由机床制造厂家定义的一个点,R 和 M 的坐标位置关系是固定的,其位置参数存放在数控系统中。当数控系统启动时,都要执行返回参考点 R,由此建立各种坐标系。参考点 R 的位置是

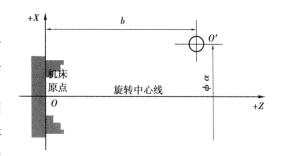

图 2.1.20 数控车床参考点

在每个轴上用挡块和限位开关精确地预先确定好,参考点 R 多位于加工区域的边缘,如图 2.1.20所示。

3)工件坐标系

数控机床坐标系是进行设计和加工的基准,但有时利用机床坐标系编制零件的加工程序并不方便。如果选择工件上某一固定点为工件零点,以工件零点为原点且平行于机床坐标轴 X、Y、Z 建立一个新坐标系,即工件坐标系。这时就可以按图纸上标注的尺寸直接编程,给编程者带来方便。工件坐标系的零点是由操作者或编程者自由选择的,其选择的原则是:

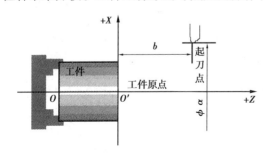

图 2.1.21　工件坐标系

①应使工件的零点与工件的尺寸基准重合。

②让工件图中的尺寸容易换算成坐标值,尽量直接用图纸尺寸作为坐标值。

③工件零点 W 应选在容易找正、在加工过程中便于测量的位置。

根据上述的原则,数控车床的工件零点 W 通常选在工件轮廓右侧边缘或者左侧边缘的主轴轴线上,如图 2.1.21 所示。

二、现场参观,实物认知

教师以现场实际的数控车床、数控铣床及加工中心为对象,讲解坐标系的构成及作用,理论联系实际,使学生对数控机床的工作原理有更深入的认识。

三、布置任务、完成任务

教师以抽查的形式,要求个别组口述坐标系的作用,主要通过这种形式回忆并总结所学知识,强化对本次课所学内容的掌握。

项目二　数控车床加工工艺与刀具

任务一　数控车床加工工艺

【教学目标】

- 了解数控车床加工工艺的性质和任务;
- 掌握数控车床的基本工艺知识;
- 掌握数控车床切削用量的选择方法。

【教学难点】

- 数控车床加工工艺规程;
- 切削用量的合理选用。

一、讲解内容

在数控车床上加工零件与普通车床上加工零件所涉及的工艺问题大致相同,处理方法没有多大差别,基本过程为:①分析零件图纸,明确加工内容;②确定工艺路线;③确定工件在车床上的装夹方式;④各表面的加工顺序和刀具进给路线以及刀具和切削用量的选择等。

1.零件图工艺分析

在设计零件的加工工艺规程时,首先要对加工对象进行深入分析。对于数控车削加工应考虑以下几方面:

①分析零件轮廓的几何条件。手工编程时,要计算每个节点坐标,检查零件图上是否漏掉某尺寸,零件图上的图线位置是否模糊或尺寸标注不清,零件图上尺寸标注方法应适应数控车床加工的特点,应以同一基准标注尺寸或直接给出坐标尺寸。

②分析零件图样尺寸精度的要求,判断能否利用车削工艺达到要求,常常对零件要求的尺寸取最大和最小极限尺寸的平均值作为编程的尺寸依据。

③零件图样上给定的形状和位置公差是保证零件精度的重要依据。加工时,要按照其要求确定零件的定位基准和测量基准。

④表面粗糙度是保证零件表面微观精度的重要要求,也是合理选择数控车床、刀具及确定切削用量的依据。

2.工艺路线的确定

工艺路线的拟订是制订工艺规程的关键,主要任务是选择各个表面的加工方法和加工方案,确定各个表面的加工顺序以及工序集中和分散的程度,合理选用机床和刀具,确定所用夹具的大致结构等。

1)确定加工方案

首先应根据零件加工精度和表面粗糙度的要求,初步确定为达到这些要求所需要的加工方法和加工方案。采用不同加工方案所能达到的经济精度和表面粗糙度如表2.2.1所示。

表 2.2.1 加工方案参考表

加工类型	加工方案	经济精度 IT	表面粗糙度	适用范围
外圆表面	粗车—半精车	8~9	5~10	除淬火钢以外的金属材料
	粗车—半精车—精车	6~7	1.25~2.5	
	粗车—半精车—磨削	6~7	0.63~2.5	主要用于淬火钢
	粗车—粗磨—精磨	5~7	0.16~0.63	
平面	粗车—半精车	8~9	5~10	适用于端面加工
	粗车—半精车—精车	6~7	1.25~2.5	适合未淬火钢及铸铁的平面加工
	粗铣—精铣	7~9	1.0~2.5	
	粗车—半精车—精车—磨削	6	0.32~1.25	适用于端面加工
孔	钻—扩—铰	8~9	2.5~5.0	适合未淬火钢及铸铁实心毛坯或有色金属
	钻—扩—粗铰—精铰	7	1.25~2.5	
	钻—粗镗—精镗	7~8	1.25~2.5	
	钻—铣—精镗	7~8	1.25~2.5	
	粗镗(扩)—半精镗	8~9	2.5~5.0	除未经淬火钢以外各种钢及铸铁,毛坯上已有孔
	粗镗(扩)—半精镗—精镗	7~8	1.25~2.5	

2)加工阶段的划分

零件的加工质量要求较高时,都应划分加工阶段。一般划分为粗加工阶段、半精加工阶段和精加工阶段。如果零件要求的精度特别高,表面粗糙度值很小时,还应增加光整加工或超精加工阶段。

3)工序顺序的安排

在数控机床加工过程中,由于加工对象复杂多样,特别是轮廓曲线的形状及位置千变万化,加上材料不同、批量不同等多方面因素的影响,在对具体零件制定加工顺序时,应该进行具体分析和区别对待,灵活处理。但一般情况下,数控机床加工多采用工序集中的原则来安排工序顺序。

①基准先行:零件加工一般多从精基准的加工开始,再以精基准定位加工其他表面。

②先粗后精:定位表面加工完成后,整个零件的加工顺序应是粗加工在前,相继为半精加工、精加工和光整加工。

③先主后次:根据零件的功用的技术要求,将零件的主要表面和次要表面分开,先加工主要表面,再加工次要表面。

④先面后孔:对于平面轮廓较大的零件,用它作为基准加工孔容易加工,也有利于保证孔的精度。

3. 刀具的选择

1）车刀的类型

数控车削用的车刀一般分为三类,即成型车刀、尖形车刀、圆弧形车刀。成型车刀加工零件的轮廓形状完全由车刀刀刃的形状和尺寸决定。尖形车刀是主切削刃为直线形特征的车刀,车刀角度与普通车刀一样。圆形车刀是以一圆度或线轮廓度误差很小的圆弧形切削刃为特征的车刀。

2）对刀点的确定

对刀点是指在数控机床上加工零件时,刀具相对零件运动的起始点。由于程序段从该点开始执行,所以对刀点又称为程序起点或起刀点。所谓"刀位点",是指车刀、镗刀的刀尖;钻头的钻尖;切断刀左右两刀尖点,球头刀的球头中心,如图 2.2.1 所示。

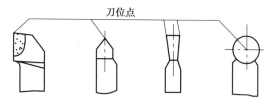

图 2.2.1　刀具的刀位点

3）换刀点的确定

数控机床在加工过程中常常需要换刀,故编程时还要设置一个换刀点。换刀点一般设在工件的外部,避免换刀时与夹具、工件发生干涉。

4. 切削用量的确定

主轴转速、进给速度、背吃刀量称为切削用量三要素。切削用量的选择,主要是选择这三要素。切削用量选择是否合理,对于能否充分发挥机床潜力与刀具的切削性能,实现优质、高效、低成本和安全操作具有很重要的作用。

1）车削用量的具体选择原则

①粗车时,在机床刚性和机床功率允许的情况下,应考虑选择一个尽可能大的背吃刀量 α_p,以提高生产率。其次选择一个较大的进给量 f,最后确定一个合适的切削速度 V_c。增大背吃刀量 α_p 可使进给次数减少,增大进给量 f 有利于断削。因此,根据以上原则选择粗车切削用量,对于提高生产效率、减少刀消耗降低加工成本是有利的。有时为了减小表面粗糙度值,则应考虑适当留出精车余量。数控车床所留的精车余量一般比普通车床少,常取 0.2 ~ 0.5 mm。

②精车时,加工精度要求较高,表面粗糙度值要求较小,加工余量不大且均匀时应选择较小的背吃刀和进给量,并选用切削性能高的刀具材料和合理的几何参数,以尽可能提高切削速度 V_c。

③在安排粗、精车削用量时,应注意机床说明书给定的允许切削用量范围。对于主轴采用交流变频调速的数控机床,由于主轴在低转速时转矩降低,尤其应注意此时的切削用量选择。

总之,切削用量的具体数值应根据机床性能和相关的手册,结合实际经验确定,使主轴转速、背吃刀量及进给速度三者能相互适应,以形成最佳切削用量。

2)背吃刀量 α_p 的选择

背吃刀量根据机床、工件和刀具的刚度来决定,在刚度允许的条件下,应尽可能使背量等于工件的加工余量,这样可以减少进给次数,提高生产效率。为了保证加工表面,可留少许精加工余量,一般为 0.2 ~ 0.5 mm。

3)主轴转速的确定

(1)光车时主轴转速的确定

主轴转速应根据允许的切削速度和工件直径来选择,其计算公式为:

$$n = \frac{1\ 000v}{\pi d}$$

式中　v——切削速度,m/min,由刀具的寿命决定;

　　　n——主轴转速,r/min;

　　　d——工件直径或刀具直径,mm。

计算的主轴转速 n 最后要根据机床说明书选取机床有的或较接近的转速而定。

(2)车螺纹时主轴转速的确定

在切削螺纹时,车床的主轴转速将受到螺纹的螺距(或导程)大小、驱动电动机的升降频特性以及螺纹插补运算速度等多种因素影响,故对于不同的数控系统,推荐不同的主轴转速选择范围。如大多数普通型数控车床推荐车螺纹时的主轴转速如下:

$$n \leqslant \frac{1\ 200}{P} - K$$

式中　P——工件螺纹的螺距或导程,mm;

　　　K——保险系数,一般取为80;

　　　n——主轴转速,rpm。

4)进给速度的确定

进给速度是数控机床切削用量中的重要参数,主要根据零件的加工精度和表面粗糙度值要求以及刀具、工件的材料性质选取。最大进给速度受机床刚度和进给系统的性能限制。

确定进给速度的原则是:

①当工件的质量要求能够得到保证时,为提高生产效率,可选择较高的进给速度,可在100 ~ 200 mm/min 范围内选取。

②在切断、加工深孔或用高速钢刀具加工时,宜选择较低的进给速度,一般在 20 ~ 50 mm/min 范围内选取。

③当加工精度要求较高与表面粗糙度值要求较小时,进给速度应选小一些,一般在 20 ~ 50 mm/min 范围内选取。

④刀具空行程时,特别是远距离回零时,可以为该机床数控系统设定最高进给速度。

常用切削用量除可以参照表 2.2.2 选取,主要还根据生产实践经验进行确定。

表 2.2.2 切削用量参考表

工件材料	加工方式	背吃刀量/mm	切削速度/(m·min⁻¹)	进给量/(mm·r⁻¹)	刀具材料
碳素钢 $\sigma_b > 600$ MPa	粗加工	5 ~ 7	60 ~ 80	0.2 ~ 0.4	YT 类
	粗加工	2 ~ 3	80 ~ 120	0.2 ~ 0.4	
	精加工	0.2 ~ 0.3	120 ~ 150	0.1 ~ 0.2	
	车螺纹		70 ~ 100	导程	
	钻中心孔		500 ~ 800 r/min		W18Cr4V
	钻孔		~ 30	0.1 ~ 0.2	
	切断(宽度<5 mm)		70 ~ 110	0.1 ~ 0.2	YT 类
合金钢 $\sigma_b = 1\ 470$ MP$_a$	粗加工	2 ~ 3	50 ~ 80	0.2 ~ 0.4	YT 类
	精加工	0.1 ~ 0.15	60 ~ 100	0.1 ~ 0.2	
	切断(宽度<5 mm)		40 ~ 70	0.1 ~ 0.2	
铸铁 200 HBS 以下	粗加工	2 ~ 3	50 ~ 70	0.2 ~ 0.4	YG 类
	精加工	0.1 ~ 0.15	70 ~ 100	0.1 ~ 0.2	
	切断(宽度<5 mm)		50 ~ 70	0.1 ~ 0.2	
铝	粗加工	2 ~ 3	600 ~ 1 000	0.2 ~ 0.4	YG 类
	精加工	0.2 ~ 0.3	800 ~ 1 200	0.1 ~ 0.2	
	切断(宽度<5 mm)		600 ~ 1 000	0.1 ~ 0.2	
黄铜	粗加工	2 ~ 4	400 ~ 500	0.2 ~ 0.4	YG 类
	精加工	0.1 ~ 0.15	450 ~ 600	0.1 ~ 0.2	
	切断(宽度<5 mm)		400 ~ 500	0.1 ~ 0.2	

二、现场参观,实物认知

教师以现场实际加工的零件为例,介绍数控车床的工艺知识,理论联系实际,使学生对数控车床的工艺过程有更深入的认识。

三、课后作业

学生在课下搜集与先进制造技术、先进制造工艺相关的知识,完成一篇先进制造技术与工艺的总结性报告。

任务二 数控车床加工刀具

【教学目标】

1.了解数控车床刀具分类及作用;

2.了解数控车床刀具的材料;

3.掌握数控车床刀具的选择方法。

【教学难点】

1.数控车床刀具分类及作用;

2. 数控车床刀具的选择方法。

一、讲解内容

1. 车刀分类

1)按用途分类

①粗车刀:主要是用来切削大量且多余部分使工件直径接近需要的尺寸。粗车时表面光度不重要,因此车刀尖可研磨成尖锐的刀锋,但是刀锋通常要有微小的圆度以避免断裂。

②精车刀:此刀刃可用油石砺光,以便车出非常圆滑的表面光度。一般来说,精车刀之圆鼻比粗车刀大。

③圆鼻车刀:可适用许多不同形式的工作,属于常用车刀,磨平顶面时可左右车削也可用来车削黄铜。此车刀也可在肩角上形成圆弧面,也可当精车刀来使用。

④切断车刀:只用端部切削工件,可用来切断材料及车度沟槽。

⑤螺丝车刀(牙刀):用于车削螺杆或螺帽,依螺纹的形式分60°或55°V形牙刀,29°梯形牙刀、方形牙刀。

⑥镗孔车刀:用以车削钻过或铸出的孔。

⑦侧面车刀或侧车刀:用来车削工作物端面,右侧车刀通常用在精车轴的末端,左侧车则用来精车肩部的左侧面。

2)按刀刃外形分类

①右手车刀:由右向左车削工件外径。

②左手车刀:由左向右车削工件外径。

③圆鼻车刀:刀刃为圆弧形,可以左右方向车削,适合圆角或曲面之车削。

④右侧车刀:车削右侧端面。

⑤左侧车刀:车削左侧端面。

⑥切断刀:用于切断或切槽。

⑦内孔车刀:用于车削内孔。

⑧外螺纹车刀:用于车削外螺纹。

⑨内螺纹车刀:用于车削内螺纹。

2. 车床刀具材料

为了在车床上进行良好的切削,正确地准备和使用刀具是很重要的工作。不同的工作需要不同形状的车刀,切削不同的材料要求刀口具不同的刀角,车刀和工件的位置和速度应有一定的关系,车刀本身也应具有足够的硬度、强度而且耐磨、耐热。因此,如何选择车刀材料,刀具角度之研磨都是重要的考虑因素。车刀是应用最广的一种单刃刀具,也是学习、分析各类刀具的基础。车刀用于各种车床上,加工外圆、内孔、端面、螺纹、车槽等。

1)刀具材料性能

刀具材料切削性能的优劣直接影响切削加工的生产率和加工表面的质量。近几年,刀具新材料的出现,往往能大大提高生产率,成为解决某些难加工材料的加工关键,并促进车床的发展与更新。

金属切削过程中,刀具切削部分受到高压、高温和剧烈的摩擦作用。当切削加工余量不均匀或切削断续表面时,刀具还受到冲击。为使刀具能胜任切削工作,刀具切削部分材料应具备以下切削性能:

①高硬度和耐磨性。刀具要从工件上切下切屑,其硬度必须大于工件的硬度。在室温下,刀具的硬度应在 60 HRC 以上。刀具材料的硬度越高,其耐磨性越好。

②足够的强度与韧性。为使刀具能够承受切削过程中的压力和冲击,刀具材料必须具有足够的强度与韧性。

③高的耐热性与化学稳定性。耐热性是指刀具材料在高温条件下仍能保持其切削性能的能力,常以耐热温度来表示。耐热温度是指基本上能维持刀具切削性能所允许的最高温度,耐热性越好,刀具材料允许的切削温度越高。化学稳定性是指刀具材料在高温条件下不易与工件材料和周围介质发生化学反应的能力,包括抗氧化和抗粘结能力。化学稳定性越高,刀具磨损越慢。耐热性和化学稳定性是衡量刀具切削性能的主要指标。

④良好的工艺性和经济性:工具钢淬火变形要小,脱碳层要浅,淬硬性要好;高硬材料磨削性能要好;热轧成形的刀具高温塑性要好;需焊接的刀具材料焊接性能要好。

2)常用刀具材料

常用刀具材料有高速钢、硬质合金、陶瓷材料和超硬材料四类。

(1)高速钢

高速钢是一种含钨、钼、铬、钒等合金元素较多的合金工具钢,其含碳量为 0.7% ~ 1.65%,质量分数在 1% 左右,高速钢热处理后硬度为 62 ~ 65 HRC,耐热温度为 550 ~ 600 ℃,抗弯强度约为 3 500 MPa,冲击韧度约为 0.3 MJ/m^2。高速钢的强度与韧性好,能承受冲击,又易于刃磨,是目前制造钻头、铣刀、拉刀、螺纹刀具和齿轮刀具等复杂形状刀具的主要材料。高速钢刀具受耐热温度的限制,不能用于高速切削。

(2)硬质合金

硬质合金是由高硬度、高熔点的碳化钨(WC),碳化钛(TiC)、碳化钽(TaC)、碳化铌(NbC)粉末用钴(Co)粘结后压制、烧结而成。它的常温硬度为 88 ~ 93 HRC,耐热温度为 800 ~ 1 000 ℃,比高速钢硬、耐磨、耐热得多。因此,硬质合金刀具允许的切削速度比高速钢刀具大 5 ~ 10 倍。但它的抗弯强度只有高速钢的 1/2 ~ 1/4,冲击韧度仅为高速钢的几十分之一。硬质合金性脆,怕冲击和振动。

由于硬质合金刀具可以大大提高生产率,所以不仅绝大多数车刀、刨刀、面铣刀等采用了硬质合金,而且相当数量的钻头、铰刀、其他铣刀也采用了硬质合金。现在,就连复杂的拉刀、螺纹刀具和齿轮刀具,也逐渐用硬质合金制造。

我国目前常用的硬质合金有三类:

①钨钴类硬质合金:由 WC 和 Co 组成,代号为 YG,接近 ISO 的 K 类,主要用于加工铸铁、有色金属等脆性材料和非金属材料。常用牌号有 YG3、YG6 和 YG8。数字表示含 Co 的百分比,其余为含 WC 的百分比。硬质合金中 Co 起粘结作用,含 Co 越多的硬质合金韧性越好,所以 YG8 适于粗加工和断续切削,YG6 适于半精加工,YG3 适于精加工和连续切削。

②钨钛钴类硬质合金:由 WC、TiC 和 Co 组成,代号为 YT,接近 ISO 的 P 类。由于 TiC 比 WC 还硬,耐磨、耐热,但是较脆,所以 YT 类比 YG 类硬度和耐热温度更高,不过更不耐冲击和振动。因为加工钢时塑性变形很大,切屑与刀具摩擦很剧烈,切削温度很高;但是切屑呈

带状,切削较平稳,所以 YT 类硬质合金适于加工钢料。钨钛钴类硬质合金常用牌号有 YT30、YTl5 和 YT5。数字表示含 TiC 的百分比。所以 YT30 适于对钢料的精加工和连续切削,YTl5 适于半精加工,YT5 适于粗加工和断续切削。

③钨钛钽(铌)类硬质合金由 YT 类中加入少量的 TaC 或 NbC 组成,代号为 YW,接近于 ISO 的 M 类。YW 类硬质合金的硬度、耐磨性、耐热温度、抗弯强度和冲击韧度均比 YT 类高一些,其后两项指标与 YG 类相仿。因此,YW 类既可加工钢,又可加工铸铁和有色金屑,称为通用硬质合金。常用牌号有 YWl 和 YW2,前者用于半精加工和精加工,后者用于粗加工和半精加工。

现在硬质合金刀具上,常采用 TiCC、TiN 等高硬材料的涂层。涂层硬质合金刀具的寿命比不涂层的提高 2 ~ 10 倍。

(3)陶瓷材料

陶瓷材料的硬度、耐磨性、耐热性和化学稳定性均优于硬质合金,但比硬质合金更脆,目前主要用于精加工。现用的陶瓷刀具材料有氧化铝陶瓷、金属陶瓷、氮化硅陶瓷(Si_3N_4)和 Si_3N_4—复合陶瓷 4 种。20 世纪 80 年代以来,陶瓷刀具迅速发展,金属陶瓷、氮化硅陶瓷和复合陶瓷的抗弯强度和冲击韧度已接近硬质合金,可用于半精加工以及加切削液的粗加工。

(4)超硬材料

人造金刚石是在高温高压下,借金属的触媒作用,由石墨转化而成。人造金刚石用于制造金刚石砂轮以及经聚晶后制成以硬质合金为基体的复合人造金刚石刀片作刀具使用。金刚石是自然界最硬的材料,有极高的耐磨性,刃口锋利,能切下极薄的切屑;但极脆,与铁系金属有很强的亲和力,不能用于粗加工,不能切削黑色金属。目前人造金刚石主要用于磨料,磨削硬质合金,也可用于有色金属及其合金的高速精细车削和镗削。

3. 数控刀具的结构与特点

1) 整体式车刀的结构与特点

高速钢车刀俗称白钢刀,一般为整体式高速钢结构,高速钢车刀为早年工业欠发达时期的广泛应用产品,优点是通过不断使用不断修磨,利用率较高,缺点是由于自身材料原因,不能突破硬度瓶颈,属于较通用产品,是粗加工半精加工的得力工具。

2) 焊接式车刀的结构与特点

硬质合金焊接车刀就是在碳钢刀杆上按刀具几何角度的要求开出刀槽,用焊料将硬质合金刀片焊接在刀槽内,并按所选择的几何参数刃磨后使用的车刀。

3) 可转位车刀的结构与特点

(1)可转位车刀特点

可转位车刀是使用可转位刀片的机夹车刀。一条切削刃用钝后可迅速转位换成相邻的新切削刃,即可继续工作,直到刀片上所有切削刃均已用钝,刀片才报废回收。数控车床所采用的可转位车刀,与通用车床相比无本质的区别,其基本结构、功能特点是相同的。但数控车床的加工工序是自动完成的,因此对可转位车刀的要求又有别于通用车床所使用的刀具,具体要求和特点如表 2.2.3 所示。

表 2.2.3　可转位车刀特点

要求	特　　点	目　　的
精度高	采用 M 级或更高精度等级的刀片； 多采用精密级的刀杆； 用带微调装置的刀杆在机外预调好。	保证刀片重复定位精度，方便坐标设定，保证刀尖位置精度。
可靠性高	采用断屑可靠性高的断屑槽型或有断屑台和断屑器的车刀； 采用结构可靠的车刀，采用复合式夹紧结构和夹紧可靠的其他结构。	断屑稳定，不能有紊乱和带状切屑；适应刀架快速移动和换位以及整个自动切削过程中夹紧不得有松动的要求。
换刀迅速	采用车削工具系统； 采用快换小刀夹。	迅速更换不同形式的切削部件，完成多种切削加工，提高生产效率。
刀片材料	刀片较多采用涂层刀片。	满足生产节拍要求，提高加工效率。
刀杆截形	刀杆较多采用正方形刀杆，但因刀架系统结构差异大，有的需采用专用刀杆。	刀杆与刀架系统匹配。

（2）可转位车刀的结构

①偏心式

偏心式可转位车刀是利用螺钉上端部的一个偏心销，将刀片夹紧在刀杆上。该结构靠偏心夹紧，靠螺钉自锁，结构简单，操作方便，但不能双边定位。由于偏心量过小，容易使刀片松动，故偏心式夹紧机构一般适用于连续平稳切削的场合，结构如图 2.2.2 所示。

②杠杆式

杠杆式可转位车刀适合各种正、负前角的刀片，有效的前角范围为 -6°～+18°；切屑可无阻碍地流过，切削热不影响螺孔和杠杆；两面槽壁给刀片有力的支撑，并确保转位精度。结构如图 2.2.3 所示，由杠杆、螺钉、刀垫、刀垫销、刀片组成。这种方式依靠螺钉旋紧压靠杠杆，由杠杆的力压紧刀片达到夹固的目的。

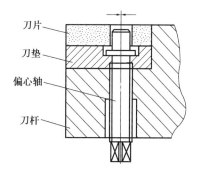

图 2.2.2　偏心式可转位车刀

③楔块式

楔块式可转位车刀适合各种负前角刀片，有效前角的变化范围为 -6°～+18°。两面无槽壁，便于仿形切削或倒转操作时留有间隙。结构见图 2.2.4 所示，由紧定螺钉、刀垫、销、楔块、刀片所组成，这种方式依靠销与楔块的挤压力将刀片紧固。

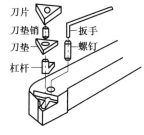

图 2.2.3　杠杆式可转位车刀

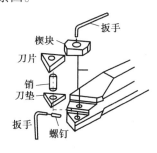

图 2.2.4　楔块式可转位车刀

项目三　数控车床操作

任务一　数控车床操作面板

【教学目标】

- 了解数控车床的布局、组成及特点。
- 了解数控车床各个功能部件的名称及其作用。
- 了解所用数控车床的技术参数及其对加工、操作的影响。
- 熟悉数控车床的操作面板及其各个功能按键和旋钮的作用和使用方法。
- 熟悉所用数控车床的特性及其对加工、操作的影响。
- 掌握 FANUC 数控车床的操作。
- 掌握数控车床机床坐标系的建立。
- 掌握数控车床对刀方法与工件坐标系的建立。

【教学难点】

- 数控车床对刀方法与工件坐标系的建立。
- FANUC 数控系统数控车床的操作。

一、讲解内容

1. 开机和关机操作

1）开机的操作步骤

①检查机床各部分初始状态是否正常。

②将机床控制箱的电源开关拨至"ON"位置,系统进行自检后进入"加工"操作界面。

2）手动回零操作

打开机床后首先必须返回参考点,回零即回机床参考点,目的是开机回零可消除屏幕显示的随机动态坐标,使机床有个绝对的坐标基准。在连续加工后回零,可消除进给运动部件的坐标累积误差。因此必须回零后才能进行对刀、自动加工等操作。

手动回零的步骤如下:

①方式选择开关置于 JOG 位置。

②返回参考点开关置于 ON 位置。

③各轴向参考点方向以 JOG 方式进给。

一般先回 Z 轴,再回 X 轴,返回参考点之后亮灯。

3）关机的操作步聚

①手动刀架运行到行程中间位置,检查机床各部分初始状态是否正常。

②按下急停按钮,关闭数控系统。

③将机床控制箱的电源开关拨至"OFF"位置。

2.机床面板各按钮的含义

1)手动操作按钮(表2.3.1)

表2.3.1　功能键简介

按钮	名称	功能简介
	紧急停止	按下急停按钮,使机床移动立即停止,并且所有的输出(如主轴的转动等)都会关闭。
手动	手动方式	手动方式,连续移动。
回零	回零方式	机床必须首先执行回零操作,然后才可以运行。
自动	自动方式	进入自动加工模式。
MDI	MDI方式	手动数据输入。
X手摇 Z手摇	手摇	手摇进给。
循环启动	自动方式和MDI方式下运行开始	程序运行开始。
进给保持	循环保持	程序运行暂停。在程序运行过程中,按下此按钮运行暂停,按 恢复运行。
主轴正转	手动方式下旋转主轴	主轴顺时针旋转。
主轴反转	手动方式下旋转主轴	主轴逆时针旋转。
主轴停止	手动方式下停止主轴	主轴停转。
↑ ← 快移 → ↓	手动移动车床各轴	移动按钮。

续表

按钮	名称	功能简介
	增量进给倍率选择按钮	选择移动机床轴时,每一步的距离:×1 为 0.001 mm,×10为 0.01 mm,×100 为 0.1 mm,×1 000 为 1 mm。
	进给倍率修调	调节数控程序自动运行时的进给速度倍率,调节范围为 0～120%。
	主轴倍率修调	
	手轮	步进进给也称点动进给,在此状态下每按一次坐标进给键,进给部件移动给定距离。若按快速进给键则变成快速进给,此时快速进给倍率开关有效。手摇脉冲发生器可使机床微量进给,选择手摇脉冲发生器移动的轴,转动手摇脉冲发生器,右转为正方向,左转为负方向,可实现机床微量移动,手轮 1 个刻度的移动量分别为 0.001 mm,0.01 mm 和 0.1 mm。
	单步执行开关	当此按钮被按下时,运行程序时每次执行一条数控指令。
	程序段跳读	自动方式下,按下此键,跳过程序段开头带有"/"号的程序段。
	程序停	自动方式下,按下此键,遇有 M01 程序停止。
	机床空运行	按下此键,机床各轴以固定的速度移动。
	冷却液开关	按下此键,冷却液开,再按一下,冷却液关。
	程序编辑锁定开关	置于"0"位置,可编辑和修改程序。
	程序重启动	由于刀具磨损等原因而自动停止后,程序可以从指定的程序段重新启动。
	机床锁定开关	按下此键,机床被锁住,只能程序运行。

2）系统操作按钮（表 2.3.2）

表 2.3.2　MDI 软键

MDI 软键	功　　能
↑PAGE　↓PAGE	软键 ↑PAGE 实现左侧 CRT 中显示内容的向上翻页；软键 ↓PAGE 实现左侧 CRT 显示内容的向下翻页。
↑　↓　←　→	移动 CRT 中的光标位置。软键 ↑ 实现光标的向上移动；软键 ↓ 实现光标的向下移动；软键 ← 实现光标的向左移动；软键 → 实现光标的向右移动。
O_P N_Q G_R X_U Y_V Z_W M_I S_J T_K F_L H_D EOB_E	实现字符的输入，单击 SHIFT 键后再单击字符键，将输入右下角的字符。例如：单击 O_P 将在 CRT 的光标所处位置输入"O"字符，单击软键 SHIFT 后再单击 O_P 将在光标所处位置处输入"P"字符；软键中的"EOB"将输入"；"号表示换行结束。
7_A 8_B 9_C 4_[5_] 6_SP 1_' 2_# 3_= -_+ 0_* ._/	实现字符的输入，例如单击软键 5_] 将在光标所在位置输入"5"字符，单击软键 SHIFT 后再单击 5_] 将在光标所在位置处输入"]"。
POS	在 CRT 中显示坐标值。
PROG	CRT 将进入程序编辑和显示界面。
OFFSET SETTING	CRT 将进入参数补偿显示界面。
SYSTEM	本软件不支持。
MESSAGE	本软件不支持。
CUSTOM GRAPH	在自动运行状态下将数控显示切换至轨迹模式。
SHIFT	输入字符切换键。

续表

MDI 软键	功　能
CAN	删除单个字符。
INPUT	将数据域中的数据输入到指定的区域。
ALTER	字符替换。
INSERT	将输入域中的内容输入到指定区域。
DELETE	删除一段字符。
HELP	本软件不支持。
RESET	机床复位。

①位置 POS：显示刀具当前的位置坐标。单击 POS 进入坐标位置界面。单击菜单软键[绝对]、菜单软键[相对]、菜单软键[综合]，对应 CRT 界面将对应相对坐标如图 2.3.1 所示，绝对坐标如图 2.3.2 所示，综合坐标如图 2.3.3 所示。

图 2.3.1　相对坐标界面　　　图 2.3.2　绝对坐标界面

图 2.3.3　所有坐标界面

②程序 PROG：用于程序管理。单击 PROG 进入程序管理界面，单击菜单软键[LIB]，将列出系统中所有的程序名称，如图 2.3.4 所示。在所列出的程序列表中选择某一程序名，单击 PROG 将显示该程序如图 2.3.5 所示。

③参数 OFFSET SETTING：显示和设定参数。

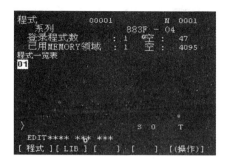

图 2.3.4　显示程序列表

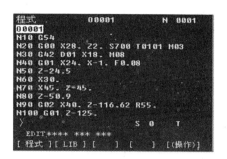

图 2.3.5　显示当前程序

a. 在 MDI 键盘上单击 [OFFSET SETTING] 键,按菜单软键[坐标系],进入坐标系参数设定界面,输入"0x"(01 表示 G54,02 表示 G55,以此类推)。按菜单软键[NO 检索],光标停留在选定的坐标系参数设定区域,如图 2.3.6 和图 2.3.7 所示。

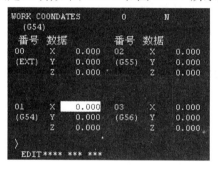

图 2.3.6　坐标系

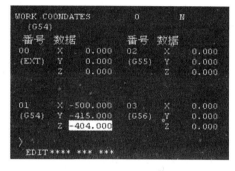

图 2.3.7　坐标系参数

也可以用方位键 ↑ ↓ ← → 选择所需的坐标系和坐标轴,利用 MDI 键盘输入通过对刀所得到的工件坐标原点在机床坐标系中的坐标值。

b. 车床刀具补偿参数:车床的刀具补偿包括刀具的磨损量补偿参数和形状补偿参数,两者之和构成车刀偏置量补偿参数,如图 2.3.8 和图 2.3.9 所示。

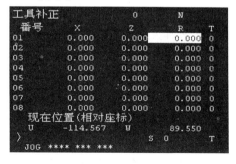

图 2.3.8　刀具磨损补偿

图 2.3.9　刀具形状补偿

④MDI 模式。单击操作面板上的 MDI 键 [图],使其指示灯变亮,进入 MDI 模式。在 MDI 键盘上按 [PROG] 键,进入编辑页面。在输入键盘上单击数字/字母键,可以作取消、插入、删除等修改操作。按数字/字母键键入字母"O",再键入程序号,但不可以与已有程序号的重复,输入所编写的数据指令。输入完整数据指令后,按循环启动按钮 [l] 运行程序。用 [RESET] 清除输入

的数据。

3. 机床操作

1）手动连续进给

在手动连续进给状态下按住坐标进给键,进给部件连续移动,直到松开该键才停止。其操作步骤如下:

①方式选择开关置于手动位置。

②选择移动坐标轴。

③选择手动进给速度。

④若按下快速进给键则执行手动快速进给。

2）步进/手轮(STEP/HANDLE)进给

步进进给也称点动进给,在此状态下每按一次坐标进给键,进给部件移动给定距离,若按快速进给键则变成快速进给,此时快速进给倍率开关有效。手摇脉冲发生器可使机床微量进给,选择手摇脉冲发生器移动轴,转动手摇脉冲发生器,右转为正方向,左转为负方向,可实现机床微量移动,手轮 1 个刻度的移动量分别为 0.001 mm,0.01 mm 和 0.1 mm。

3）零件程序的编辑、存储

（1）输入程序

输入程序的操作步骤为:

①方式选择开关置于编辑方式;

②按 PRGRM 键;

③输入地址 O;

④输入准备存储的程序号;

⑤按"INPUT"键存储;

⑥输入每一个程序段完后,按 EOB(END OF BLOCK)结束。

（2）程序号检索

存储器存入多个程序时,可以检索其中任一个。

①选择"EDIT"或"AUTO"方式;

②按"PROG"键;

③按地址 O;

④键入要检索的程序号,按光标移动键选择。

⑤检索结束时,在 CRT 画面的右上方显示已检索出的程序号。或者在 EDIT 方式下连续按光标移动键,存储的程序会逐个显示出来。

（3）程序段检索

程序段检索通常是检索程序内某一顺序号,常用于程序的中途启动或编辑程序等。其检索步骤为:

①选择 AUTO 或编辑方式;

②按 PROGRAM 键;

③选择要检索的程序;

④按地址 N；

⑤输入要检索的程序段号；

⑥按光标移动键选择；

⑦检索结束时在 CRT 的右上方显示检索的程序段号。

（4）程序编辑

首先将程序保护开关置为 OFF，然后将模式选择开关选为编辑 EDIT 方式，按 PRGRM 键，显示程序，即可进行程序编辑的有关操作。其操作方式和步骤如下：

①字及其他地址的检索。

输入需检索的字或其他地址（如 S600），从当前光标位置向前后程序寻找。检索完成后，光标出现在所检索的字或其他地址第一次出现的位置。

②字的修改。

如将 Z08 改为 M08，首先检索要修改的字 Z08，将光标移到 Z08，输入改变后的字 M08，再按 ALTER 键即可修改。

③字的删除。

如欲删除程序段"N020 G01 X120.0 Z200.0 F30；"中的字 X120.0，首先将光标移至该程序段的 X120.0 位置，按 DELETE 键即可删除字 X120.0。

④字的插入。

如欲在程序段"N020 G01 X120.0 Z200.0 F30；"中加入 G41，改为"N020 G41 G01 X120.0 Z200.0 F30；"，可首先将光标移动到要插入字的前一个字位置 G01 处，输入要插入的字 G41，再按 INSERT 键即完成插入。

⑤程序段的删除。

如欲删除程序段"N020 G01 X120.0 Z200.0 F30；"，首先将光标移到要删除程序段的第一个字 N020 位置，按 EOB 键，再按 DELETE 键，即删除整个程序段。

⑥程序的删除。

首先按地址 O，键入程序号，按 DELETE 键，该程序即被删除。

4）自动加工

自动加工方式有存储器运行方式、MDI 运行方式、跳段运行、单段运行、进给倍率控制、机床锁住运行和机床空运转等。

5）存储器运行方式

①预先将程序存入存储器中。

②选择要运行的程序。

③将方式选择开关置于 AUTO 位置。

④按循环启动键即可运行程序。

6）MDI 运行方式

从 CRT/MDI 操作面板上输入一个程序段指令，并可以执行该程序段。

例：M03 S800；

①将方式选择开关置于 MDI 的位置；

②按 PRGRM 键；

③按 PAGE 键,使画面的左上角显示 MDI;

④由数据输入键键入 M03;

⑤按 INPUT 键,M03 被输入后被显示出来,如果发现有错,可按 CAN 键取消;

⑥键入 S800;

⑦按 INPUT 键,S800 被输入后被显示出来;

⑧按循环启动键即可运行程序。

7)跳段运行

自动加工时,系统可跳过某些指定的程序段不执行。若在某程序段前加上"/"(如/N020 M03 S800),且跳过任选程序段开关设为 ON,则自动加工时跳过该程序段。当跳过任选程序段开关设为 OFF 时,"/"不起作用,程序段将被执行。

8)单段运行

自动加工时,为安全起见可选择单段执行加工程序的功能。当单程序段开关设为 ON 时,每按一次循环启动键仅执行一个程序段的动作,如果再按循环启动键,则执行完一个程序段后又停止。

9)进给倍率控制

自动加工时可用进给倍率旋钮控制由程序指定的切削进给速度进行修调,倍率调整范围为 0% ~ 150%。

10)快速进给倍率控制

快速进给倍率有 0、25%、50%、100% 4 个挡位。可对快速进给速度进行调整。

①G00 快速进给。

②固定循环中的快速进给。

③G28 时的快速进给。

④手动快速进给。

⑤手动回零的快速进给。

11)机床空运转

为了快速检查程序是否编制正确,将空运转开关为 ON,此时不管程序中如何指定进给速度,刀具均以数控系统参数已设置的速度运行。

12)机床锁住运行

当机床锁住旋钮置于 ON 时,机床部件不移动,但位置坐标的显示与机床运转时一样,此功能用于程序的校验。

4.车床操作安全防护

1)急停

当机床在加工过程中出现紧急情况时,应按下紧急停止键,机床各轴将立即停止移动,主轴也停止转动,解除的方法是将旋钮旋转后弹起即解除。在急停操作后注意以下几点:

①应查出故障原因,并消除故障;

②急停解除后,应按下机床操作面板上的复位键才能启动机床。

2）超程

当机床移动轴超出机床参数内设置的软件限位范围,或当输入的程序或数超过行程限位范围时,在 CRT/MDI 显示器上显示超程报警。此时用手动 JOG 操作机床,将刀具向安全的方向移动,然后按下复位键,解除报警。

当机床移动轴在某一方向撞上机床上安装的行程限位开关时,CNC 进入急停状态。此时强行按住机床操作面板上的复位键,用手动 JOG 或 HANDLE 反方向移动该轴,直至退出压住的限位开关。

二、现场学习,实物认知

教师以现场实际的数控车床为对象,介绍数控机床操作面板的结构、组成及操作方法,理论联系实际,使学生对数控机床操作方法有更深入的认识。

三、学习评定、知识总结

教师以抽查的形式,进行操作,并加以评定。主要通过这种形式回忆并总结所学知识,强化对本次课所学内容的掌握。

任务二　数控车床对刀

【教学目标】
- 掌握数控车床机床坐标系的建立。
- 掌握数控车床对刀方法与工件坐标系的建立。

【教学难点】
- 数控车床对刀方法与工件坐标系的建立。
- FANUC 数控系统数控车床的操作。

一、讲解内容

1. 第一把刀对刀

在加工程序执行前,调整每把刀的刀位点,使其尽量重合于某一理想基准点,这一过程称为对刀。数控车床多采用试切对刀法。把编程时假想的基准位置(基本刀具刀尖和转塔中心等)与实际使用的刀尖差作为偏置量设定时,采用机床坐标系下直接对刀。步骤如下:

①选择实际使用的刀具,用手动方式切削端面。

②不移动 Z 轴,仅 X 方向退刀,主轴停止。

③按 OFFSET 键,按 PAGE 键显示所需的页面。按软键显示刀具形状补偿量(几何补偿量)。持续按光标移动键,并结合翻页键移动光标至要变更偏置号的位置。按数据地址输入键输入地址 Z0,按测量软键,则系统自动计算出该刀的 Z 轴偏置量,如图 2.3.10 所示。

④用手动方式切削外圆面。

⑤不移动 X 轴,仅 Z 轴方向退刀,主轴停止。

⑥测量外圆面的直径,按 OFFSET 键,按 PAGE 键显示所需的页面。按软键显示刀具形状补偿量(几何补偿量)。持续按光标移动键,并结合翻页键移动光标至要变更偏置号的位置。按数据地址输入键输入地址 Xa,按测量软键,则系统自动计算出该刀的 X 轴偏置量,如图 2.3.11所示。

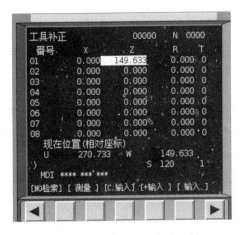

图 2.3.10　01 号刀 Z 方向刀补

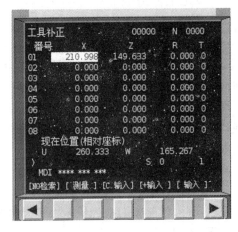

图 2.3.11　01 号刀刀补

2. 第二把刀对刀

①第二把刀对刀与第一把刀对刀基本一样,只是不再切端面,而是切外圆。切完后,Z 轴不动,刀具沿 X 轴正向退出,主轴停转;测量试切外圆时所切线段 Z 向长度,单击 MDI 方式,弹出工具补正界面,调整光标位置在 Z 方向,键入 Z 值;单击测量,系统自动计算出第二把刀 Z 方向刀补值,如图 2.3.12 所示。

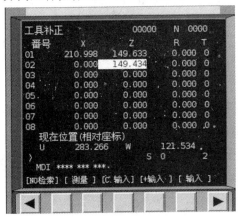

图 2.3.12　02 号刀 Z 向刀补值

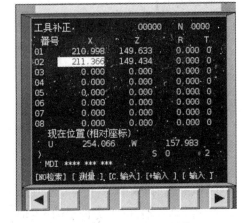

图 2.3.13　02 号刀刀补值

②手动方式下,试切外圆,X 轴保持不动,刀具沿 +Z 向退出,主轴停转;测量试切外圆时所切线段,记下 X 的值(即直径),位置在 X 方向,键入 X 值;单击测量,系统自动计算出第一把刀 X 方向刀补值,如图 2.3.13 所示。

3. 第三把刀对刀

第三把螺纹刀与第二把刀对刀方法完全一样,不再重复。

4. 刀尖半径补偿量的设定

首先按 OFFSET 键,按 PAGE 键显示所需的页面。按软键显示刀具形状补偿量(几何补偿量)。持续按光标移动键,并结合翻页键移动光标至要变更偏置号的位置。设置刀尖半径地址 R 及数值和 T 及代码。

5.刀具磨损补偿量的设定

先按 OFFSET 键和 PAGE 键,再按软键磨耗显示刀具磨损补偿量,使光标移向要变更的偏置号位置。按地址输入键输入地址 $U(X$ 轴$),W(Z$ 轴$)$ 及偏置量,刀尖半径地址 C 及数值。按 INPUT 键,则在当前的偏置量上加上或减去输入的增量值,显示值为新设定的偏置量。如当前的偏置量为 6.02,输入磨损补偿量为 0.5,则新设定的偏置量为 6.52。

注意:在自动加工中如改变偏置量,新的偏置量不能立即生效。只有当与该偏置量相对应的 T 代码运行后才生效。当参数设定使偏置移动与轴移动共同进行时,补偿量在下一段轴移动时生效。

二、现场认知

教师以现场实际的数控车床为介绍对象,认 FANUC 0i 系统为例介绍对刀方法,要求同学们掌握机床坐标下对刀方法。学习重点为机床坐标下对刀,学习难点为工件坐标系的设定。

三、布置任务、完成任务

学生根据教师布置的任务,进行对刀练习,教师巡回指导。

四、课后作业

将对刀过程、对刀与机床坐标系、工件坐标系的关系形成总结性报告系统,下一次课上交。

项目四 数控车床编程

任务一 数控车床程序结构与格式

【教学目标】
- 掌握数控车床程序结构与格式。
- 掌握数控车床各种指令意义。

【教学难点】
- 数控车床各种指令意义。

一、讲解内容

国际上已形成了两个通用标准：国际标准化组织（ISO）标准和美国电子工业学会（EIA）标准。我国根据 ISO 标准制定了国家标准 GB/T 19660—2005《工业自动化系统与集成机床数值控制坐标系和运动命名》等国标。由于生产厂家使用标准不完全统一，使用代码、指令含义也不完全相同，因此需参照机床编程手册。

1. 数控程序的结构

一个完整的数控程序由程序号、程序内容和程序结束三部分组成。例如：

O00029
N10 T0101；
N20 M03 8800；
N30 G00 X70.0 Z3.0；
N40 G01 Z − 10.0 F150；
N50 X80.0；
N60 G00 X100.0 Z100.0；
N70 M05；
N80 M30；

1）程序名

程序名（程序号）为程序开始部分。在数控装置中，程序的记录是通过程序号来辨别的，调用某个程序可通过程序号来调出，编辑程序也要首先调出程序号。程序名是一个程序必需的标识符。程序名由地址符后带若干位数字组成。地址符常见的有"%""O""P"等，视具体数控系统而定。例：国产华中 I 型系统程序号使用"%"，日本 FANUC 系统程序使用"O"。后面所带的数字一般为 4 ~ 8 位，如 O2000。

2）程序体

整个程序的核心，由许多程序段组成，每个程序段由一个或若干个字组成；它表示数控机床为完成某一特定动作或一组操作而需要的全部指令，由它指挥数控机床运动。

3）程序结束

以程序结束指令 M02 或 M30 作为整个程序结束的符号来结束整个程序。在子程序中，不同的数控系统使用的程序结束指令不一样,在FANUC系统、华中数控系统中使用M99作为子程序的结束指令;在SIEMENS系统中,使用REN作为子程序的结束指令。

2. 程序段格式

零件的加工程序是由程序段组成。程序段格式是指一个程序段中字、字符、数据的书写规则。FANUC系统规定一个程序段由程序段号、程序段内容、程序段结束符组成,在编制程序时,程序段号可以省略,但结束符不可以省略。

1)程序段号

程序段号由字母"N"及后续2~4位数字组成。例如N01表示第一个程序段。

2)程序段内容

程序段内容由若干个"字"组成。在数控加工程序中,字是指一系列按规定排列的字符,作为一个信息单元存储、传递和操作。字是由一个英文字母与随后的若干位十进制数字组成。这个英文字母称为地址符,字则由地址字(字母)和数值字(数字及符号)组成。每个字均有一定的功能含义。如图2.4.1所示,程序段由两字组成,一个G01,表示直线插补指令;一个是X50,表示X坐标值,即刀具X方向的位置。

图2.4.1 字的组成

3)程序段结束符

FANUC系统程序段结束符用";"表示。

3. 功能"字"意义

1)准备功能字G

使数控机床进行某种操作的指令,用地址G和两位数字表示,也称为G功能代码,国家机械工业部标准JB/T 3208—1983《数字控制机床穿孔带程序段格式中的准备功能G和辅助功能M的代码》规定它由字母G和两位数字组成,从M00~M99共100种。G功能代码分为模态代码和非模态代码。

①模态G功能:一组可相互注销的G功能。这些功能一旦被执行,则一直有效,直到被同一组的G功能注销为止。功能保持到被取消或被同样字母表示的程序指令所代替。

例:N15 G98 G01 X10 F200

N16 Z – 20(G98,G01持续有效)

N17 G03 X20 Z – 25 R25(G03有效,G01无效)

②非模态G功能:只在所规定的程序段中有效,程序段结束时被注销;功能仅在所出现的程序段内有作用。

例:N10 G04 P10.0(延时10 s)

N11 G91 G00 X10.0 F200(X负向移动10 mm)

N10程序段中G04是非模态G代码,不影响N11程序段的移动。

③JB 3208标准中规定的G功能代码见表2.4.1。

表 2.4.1　JB/T 3208—1983 准备功能 G 代码

代码	组别	功能	代码	组别	功能
G00	01	点定位	G56	00	选择工件坐标系 3
G01		直线插补	G57		选择工件坐标系 4
G02		顺时针方向圆弧插补	G58		选择工件坐标系 5
G03		逆时针方向圆弧插补	G59		选择工件坐标系 6
G04	00	暂停	G65	00	宏程序调用
G07.1		圆柱插补	G66	12	宏程序模态调用
G10		可编程数据输入	G67		宏程序模态调用取消
G11		可编程数据输入方式取消	G70	00	精加工循环
G12.1（G112）	21	极坐标插补方式	G71		粗车循环
G13.1（G113）		极坐标插补方式取消	G72		平端面粗车循环
G18	16	ZpXp 平面选择	G73		型车复循环
G20	06	英寸输入	G74		端面深孔钻削
G22	09	存储行程检测功能有效	G76		螺纹切削循环
G23		存储行程检测功能有效	G80	#	不指定
G27	00	返回参考点检测	G83	10	刀具偏置,内角
G28		返回参考点	G84		刀具偏置,外角
G30		返回第 2、3、4 参考点	G85		不指定
G31		跳转功能	G87		固定循环注销
G32	01	螺纹切削	G88		固定循环
G40	07	刀尖半径补偿取消	G89		绝对尺寸
G41		刀尖半径补偿左	G90	01	外径/内径切削循环
G42		刀尖半径补偿右	G91		螺纹切削循环
G50	00	工件坐标系设定或最高主轴转速规定	G94		端面切削循环
G50.3		工件坐标系预定	G96	02	恒线速度
G52		局部坐标系选择	G97		每分钟转数（主轴）
G53		机床坐标系选择	G98	05	每分钟进给
G54	00	选择工件坐标系 1	G99		每转进给
G55		选择工件坐标系 2			

注:①当电源接通或复位而使系统为清除状态时,原来的 G20 或 G21 保持有效;
②除了 G10 和 G11 外,00 组的 G 代码都是非模态代码;
③当指定了没有列在表中 G 代码时,显示 P/S 报警;
④不同组的 G 代码能够在同一程序段中指定,如果同一程序段中指定了同组 G 代码,则最后指定的 G 代码有效。

2)辅助功能字 M

由地址码 M 和后面的两位数字组成辅助功能指令,简称辅助功能,也叫 M 功能。JB 3208—83 规定它由字母 M 和两位数字组成,从 M00 ~ M99 共 100 种。主要用于控制零件程序的走向和机床及数控系统各种辅助功能的开关动作。各种数控系统的 M 代码规定有差异,必须根据系统编程说明书选用。下面介绍常见的辅助指令控制机床及其辅助装置的通断的指令。

①暂停指令 M00:执行此指令后,机床停止一切轴向移动。当程序运行停止时,全部现存的模态信息保持不变,再次按下"数控启动"键后,机床重新启动,继续执行后面的程序。

②计划(选择)停止指令 M01:这个指令又叫"选择指令"或"计划暂停"指令。该指令与 M00 基本相似,但只有在"选择停止"键按下时,M01 才有效,否则机床仍不停止,继续执行后续的程序段。该指令常用于工件关键性尺寸的停机抽样检查等情况,当检查完成后,按"启动"键可继续执行以后的程序。

③程序结束指令 M02、M30:当全部程序结束后,用此指令可使主轴、进给及冷却液全部停止,并使机床复位。它是程序结束的标志,位于程序的最后一个程序段中。现代的数控系统中,M02 和 M30 的功能完全相同。在早期的数控系统中,M02 表示程序结束,而不具有使缓冲器中的指针返回到刚执行程序的程序头的功能。

④与主轴有关的指令 M03、M04、M055:M03 表示主轴正转(顺时针方向旋转),M04 表示主轴反转(逆时针方向旋转)。所谓主轴正转,是从主轴往正 Z 方向看去,主轴处于顺时针方向旋转;而逆时针方向旋转则为反转。M05 为主轴停止,它是在该程序段其他指令执行完后才使用的。

⑤与冷却液有关的指令 M07、M08、M09:M07 为命令 2 号冷却液(雾状)开或切削收集器开;M08 为命令 1 号冷却液(液状)开或切削收集器开;M09 为冷却液关闭。冷却液的开关是通过冷却泵的启动与停止来控制的。

⑥M 功能有非模态 M 功能和模态 M 功能两种形式。非模态 M 功能(当段有效代码)只在本程序段中有效;模态 M 功能(续效代码)是同一组可相互注销的 M 功能,这些功能在被同一组的另一个功能注销前一直有效。另外,M 功能还可分为前作用 M 功能和后作用 M 功能两类。前作用 M 功能在程序段编制的轴运动之前执行,如 M03、M04、M08 等;后作用 M 功能在程序段编制的轴运动之后执行,如 M05、M09 等。

⑦常用的 M 功能代码见表 2.4.2。

表 2.4.2　常用的辅助功能的 M 代码、含义及用途

功能	含　义	用　途
M00	程序停止	当执行有 M00 的程序段后,主轴旋转、进给、冷却液送进都将停止。此时可执行某一手动操作,如工件调头、手动变速等。如果再重新按下控制而板上的循环启动按钮,继续执行下一程序段。
M01	选择停止	与 M00 的功能基本相似,只有在按下"选择停止"后,M01 才有效,否则机床继续执行后面的程序段;按"启动"键,继续执行后面的程序。
M02	程序结束	当全部程序结束时使用该指令,它使主轴、进给、冷却液送进停止,并使机床复位。
M03	主轴正转	用于主轴顺时针方向转动。

续表

功能	含　义	用　　途
M04	主轴反转	用于主轴逆时针方向转动。
M05	主轴停转	用于主轴停止转动。
M06	换刀	用于加工中心的自动换刀动作。
M08	冷却液开	用于切削液开。
M09	冷却液关	用于切削液关。
M30	程序结束	M30 和 M02 功能基本相同,只是 M30 指令还兼有控制返回到零件程序头的作用。使用 M30 的程序结束后,若要重新执行该程序只需再次按操作面板上的循环启动键。
M98	子程序调用	用于调用子程序。
M99	子程序返回	用于子程序结束及返回。

注:各种机床的 M 代码规定有差异,编程时必须根据说明书的规定进行。

3) 尺寸字

尺寸字用于确定机床上刀具运动终点的坐标位置。其中,第一组 X,Y,Z,U,V,W,P,Q,R 用于确定终点的直线坐标尺寸;第二组 A,B,C,D,E 用于确定终点的角度坐标尺寸;第三组 I,J,K 用于确定圆弧轮廓的圆心坐标尺寸。在一些数控系统中,还可以用 P 指令暂停时间、用 R 指令确定圆弧的半径等。

4) 进给功能字 F

进给功能字 F 由地址码 F 和其后面若干位数字构成,又称为 F 功能或 F 指令,用于指定切削的进给速度。对于车床,F 指令可分为每分钟进给和主轴每转进给两种,对于其他数控机床,一般只用每分钟进给。F 指令在螺纹切削程序段中常用来指令螺纹的导程。

①进给速度 F 表示工件被加工时刀具相对于工件的合成进给速度。F 的单位取决于 G94(每分钟进给量 mm/min)或 G95(每转进给量 mm/r);

②当工件在 G01、G02 或 G03 方式下,编程的 F 一直有效,直到被新的 F 值所取代;

③借助操作面板上的倍率开关,F 可在一定范围内进行倍率修调。当执行攻丝加工指令时,倍率开关失效,进给倍率固定在 100%。

5) 主轴转速功能字 S

主轴转速功能字的地址符是 S,又称为 S 功能或 S 指令,用于指定主轴转速,单位为 r/min。

6) 刀具功能字 T

刀具功能字 T 由地址功能码 T 和其后面的若干位数字组成。刀具功能用地址符 T 加 4 位数字表示,前两位是刀具号,后两位既是刀具长度补偿号,又是刀尖圆角半径补偿号。如果后两位数为 00,则表示刀具补偿取消。刀具号和补偿号不必相同,在实际运用的过程中,常常把它们设置成相同,如 T0101、T0202 等。

4. 直径编程方式

在车削加工的数控程序中,X 轴的坐标值取为零件图样上直径值的编程方式。如图

2.4.2所示:图中起点的坐标值为 X 坐标值48,终点的 X 坐标值为112。

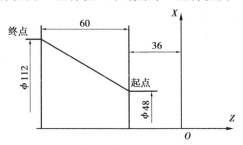

图 2.4.2　直径编程方式

二、布置任务、完成任务

通过输入修改数控车床程序,让学生熟悉编程指令和数控车床操作面板。

任务二　G00、G01 指令编程加工

【教学目标】

● 掌握数控车床控制面板的功能及正确使用的方法;

● 掌握数控车床坐标系;

● 掌握 G、M、S、T 各指令代码的含义及正确使用。

【教学难点】

● 数控车床控制面板的正确使用;

● 强化练习区分两种面板的功能;

● 编程指令的格式应用。

一、讲解内容

1. 工作任务

加工如图 2.4.3 所示的零件。

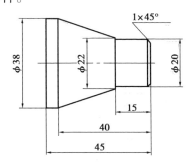

图 2.4.3　零件 1

2. 编程指令

1)主轴转速单位指定功能指令 G96 与 G97

(1)指令格式

G97:主轴转速单位为 r/min ;

G96：主轴转速单位为 m/min。

通常使用 G97(r/min)。例：G96 S300 ；主轴转速为 300 m/min，G97 S1500 主轴转速为1 500 r/min。

（2）指令用途

在数控车床系统里，G97 表示主轴恒转速，G96 表示恒线切削速度。

（3）注意事项

①使用恒线速控制时，旋转轴必须设在工件坐标系的 Z 轴上。即 X = 0。

②使用恒线速控制时，必须在程序开始用语句 G50 S_;来限制主轴的最高转速。在 X = 0 时，主轴转速是无穷大。限制最高转速后，当主轴转速高于 G50 限定数值时，则被限制在主轴最高转速上。

程序为：G50 S2000；

　　　　　G96 S300；

即主轴以 300 m/min 的恒线速度转动，当工件直径变化时，主轴的转速随着直径的减小而增大，但最高转速为 2 000 r/min。

③在快速进给时，不进行主轴恒线速控制。

④G50 S_设定的最高转速只是在 G96 状态下有效，G97 状态下无效。

⑤螺纹加工时，G96 恒线速控制有效，必须用 G97 取消，否则会造成螺距发生变化。

⑥从 G96 状态变为 G97 状态时，G97 后没有 S 指令，则 G96 状态的最后转速将作为 G97 状态的 S 使用。

⑦一般 S 指令都和 M 指令来一起使用。在 FANUC 系统中一般用 M03 或 M04 指令与 S 指令一起来指定主轴的转速。

2）进给单位功能指令 G98 与 G99

（1）指令格式

G98：进给功能单位为 mm/min ；

G99：进给功能单位为 mm/r。

（2）指令用途

数控车床刀具相对工件进给速度分别由每分钟进给模式 G98 或每转进给模式 G99 决定。例：G98 F100 表示插补进给的速度为 100 mm/min；G99 F0.5 表示插补进给的速度为0.5 mm/r。G98、G99 都为模态指令。

3）工件坐标系设定指令 G50

（1）指令格式

G50 X __ Z __;

根据此指令建立一个坐标系，使刀具上的某一点，例如刀尖在此坐标系中的坐标为(x,z)。此坐标系为工件坐标系，一旦建立后，后面程序中绝对值指令的位置都是用此坐标系中的位置来表示的。

（2）指令作用

根据此指令建立一个坐标系。

如图 2.4.4 所示的工件坐标系的建立过程应为：

G50 X100.0 Z150.0；

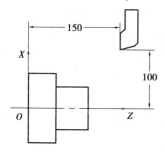

图 2.4.4　G50 指令应用

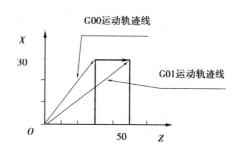

图 2.4.5　G00 与 G01 运动轨迹

4）快速定位指令 G00

（1）指令格式

G00X（U）__ Z（W）__；

其中，X（U）__ Z（W）__指终点坐标值，刀具快速地从当前点以直线方式移动到终点坐标所示的位置，移动速度由系统的参数设定。该指令命令刀具以点位控制方式从刀具所在点快速移动到目标位置，不需特别指定移动速度。

（2）运动轨迹

一般为空行程运动，既可以单坐标轴运动，又可以双坐标轴运动。只有一个坐标时，刀具将沿该坐标轴方向运动。有两个坐标时，刀具将先以1∶1步数两坐标联动，然后单坐标运动。因此 G00 的运动轨迹为折线形，如图2.4.5所示。

（3）指令作用

G00 指令常用于加工前快速靠近工件和加工后快速离开工件，因此它可用于刀具的快速定位，而不能用于切削工件。

（4）注意事项

①G00 为模态指令。

②移动速度不能用程序指令设定，由厂家预调。

③G00 的执行过程：刀具由程序起始点加速到最大速度，然后快速移动，最后减速到终点。

④X、Z、U、W 代表目标点的坐标。

⑤X（U）坐标按直径值输入。

如图2.4.6所示的定位过程指令应为：

G00 X110.0 Z56.0；

G00 U-60.0 W-26.0；

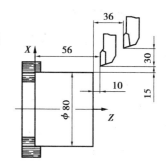

图 2.4.6　G00 指令应用

5）直线插补指令 G01

（1）指令格式

G01 X（U）__ Z（W）__ F __；

其中，X（U）__ Z（W）__指定终点坐标值，F __指定进给速度；表示刀具从当前点以直线方式和给定的进给速度移动到终点坐标位置。

（2）运动轨迹

采用绝对编程时，刀具以 F 指令的进给速度进行直线插补，运动到坐标值为 X、Z 的点上；采用增量编程时，刀具则移至距当前点（起始点）的距离为 U、W 值的点上。只有一个坐标轴时，刀具将沿该坐标轴方向运动。有两个坐标值时，刀具从起点到终点按给定的速度作规定斜率的直线插补运动。

（3）指令作用

该指令用于直线或斜线运动。可使数控车床沿 X 轴、Z 轴方向执行单轴运动，也可以沿 XZ 平面内任意斜率的直线运动。

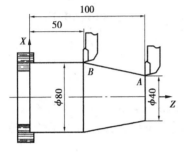

图 2.4.7　G01 指令应用

（4）注意事项

①G01 为模态指令。

②G01 指令后的坐标值取绝对值编程还是取增量值编程，由尺寸字决定。

③进给速度由 F 指令决定。F 指令也是模态指令，可由 G00 指令取消。

④X、Z、U、W 表示代表目标点的坐标。

如图 2.4.7 所示的由 A 点到 B 点的指令应为：

G01 X80.0 Z50.0 F0.1；或 G01 U40.0 W-50.0 F0.1；

6）辅助功能代码的含义

M00：暂停指令；

M03：主轴正转；

M05：主轴反转；

M30：程序结束。

3. 工艺分析

1）零件几何特点

零件加工面主要为端面及 $\phi20$、$\phi22$、$\phi38$ 的外圆。各外圆长度尺寸如图 2.4.3 所示，表面粗糙度为 6.3 μm。

2）加工工序

根据零件结构选用毛坯为 $\phi40$ mm×90 的棒料，工件材料为 45# 钢。选用普通数控车床即可达到要求。加工工序为：

①平端面。

②外圆粗车切削。

③外圆精车。

④切断。

⑤选择各工序刀具及切削参数，见表 2.4.3。

表 2.4.3　刀具表

序号	加工面	刀具号	刀具规格		主轴转速	进给速度
			类型	材料	$n/(\mathrm{r \cdot min^{-1}})$	$V/(\mathrm{mm \cdot min^{-1}})$
1	端面车削	T01	90°外圆车刀具	硬质合金	500	50
2	外圆粗加工	T01	90°外圆车刀具		500	100
3	外圆精车	T02	90°外圆车刀具		1 000	50
4	切断	T03	切断刀		400	30

⑥以外圆为定位基准,用卡盘夹紧。

3)加工过程

加工过程见表 2.4.4。

表 2.4.4　加工过程

工步	工步内容	工步图	说　明
1	端面切削		用 G01 进行
2	外圆粗车切削		用 G01 进行 留 0.5 mm 的精车余量
3	外圆精车切削		用 G01 进行 达到尺寸要求
4	用切断刀切断工件		切断刀宽 4 mm 用 G01 切断

4. 参考程序

1) 确定工件坐标系和对刀点

在 XOZ 平面内确定以工件右端面轴心线上点为工件原点，建立工件坐标系，采用手动试切对刀方法对刀。

2) 编程

表 2.4.5　简单回转体工件 3 数控程序

程序号	O0003	
程序段号	程序段内容	注　释
N01	T0101;	换 1 号刀
N05	M03 S600;	启动主轴
N10	G00 X45. Z0.;	刀具加工定位
N15	G01 X0 Z0 F150;	平端面
N20	G01 Z3.;	退刀
N25	G00 X34.0;	X 向定位
N30	G01 Z-15. F150;	切外圆
N35	G01 X38. Z-40.0;	切锥
N40	Z-45.;	切外圆
N45	G01 X45.;	X 向退刀
N50	G00 Z2.;	退至起刀点
N60	G01 X28.;	X 向定位
N65	G01 Z-15.;	切外圆
N70	G01 X38. Z-40.;	切锥
N75	G01 X45.;	刀具退出工件
N80	G00 Z2.0;	退至起刀点
N85	G01 X22.;	X 向定位
N90	G01 Z-15.;	切外圆
N95	G01 X38. Z-40.;	切锥
N100	G01 X45.;	退出工件
N105	G00 Z2.0;	至起刀点
N110	G01 X20.;	X 向定位
N115	G01 Z-15.;	进行外圆切削
N120	G01 X30.;	刀具从工件表面退出
N125	G00 X100. Z100.	退至换刀点
N130	M05;	主轴停
N135	M30;	程序结束

3)指导学生进行轮廓程序的编制及工艺的制订

进行程序编制,重点掌握 G00、G01、G90、G94 指令在数控车床上的应用。

二、操作演示

1. 各功能键的作用

【刀补】:显示、设定补偿量。

【参数】:显示、设定参数。

【诊断】:显示各种诊断数据。

【报警】:显示报警信息。

【设置】:显示,设置各种设置参数,参数开关,程序开关。

【位置】:含[相对]、[绝对]、[总和]、[位置\程序]4 个子项,分别显示相对坐标位置,绝对(工件坐标系下的)坐标位置及总和(各种坐标)位置。由上下页键选择。

【程序】:含[MDI/模]、[程序]、[目录]3 个子项。(在编辑方式下,仅显示程序 1 个画面)

【偏置】:显示、设定偏置量。

【参数】:显示、设定参数,修改参数。

【诊断】:含[MT←→PC]、[PC←→NC]、[PC]、[状态]4 个子项。可分别显示 MT← →PC 及← →NC 数据、PC 参数、NC 状态。

2. 功能键的使用要领

①G00 用 F 指定的进给速度进给无效。

②在同一个程序段中可以指令几个不同组的 G 代码,如果在同一个程序段中指令了两个以上的同组 G 代码时,后一个 G 代码有效。

③F 代码允许输入 7 位数字等。

3. 程序的编辑、输入方式

在上机操作以前,应根据零件,先在纸上编写出加工程序。要求思路清晰,结果正确,加工效率高,并一定要请教师审阅。

①按[编辑]→[程序]。

②键入新程序的程序名:O□□□□,方格表示程序号(1 ~ 9 999,前导零可省略)。

③输入程序。

编辑已有的程序:

①按[编辑]→[程序]。

②键入已有程序名 O□□□□,再按[下光标],即已有的程序会显示出来。

③修改已有的程序。

4. 对刀

用试切法对刀。步骤如下:

①进入手动工作方式,选择合适的主轴转速,启动主轴,选择 1 号刀,平工件的端面。并

沿 X 轴方向退刀。

②按[刀补]键,在刀补位置号输入 Z0。

③用 1 号刀车削工件外圆,并沿 Z 轴方向退刀。

④用卡尺测量所车工件的外径,记为 Φ。

⑤按[刀补]键,在刀补位置号输入直径值。

其他刀具和以上对刀方法相同

三、加工

①指导学生建立工件坐标系和程序的编制及工艺的制订。

②在加工一定尺寸后测量其精度,指导学生利用修改刀补设置,校正尺寸精度。

③程序调试与零件的试切。

④巡回指导。

四、实训小结

本次课主要是在已经讲解了外圆及端面加工的基础知识的基础上,进行实践操作练加工。目的是要使学生理解外圆车刀的使用以及加工方法及基本指令的运用;重点掌握外圆加工方法。

掌握工件坐标系的建立方法;重点掌握车削外圆及端面轮廓常用编程指令及程序编制方法;熟练掌握操作加工及精度检验。

五、课后作业

①总结归纳外圆与端面轮廓车削加工中所出现的问题和解决办法。

②考虑保证零件加工精度和表面粗糙度要求应采取的措施。

③布置下次课需预习内容和相关知识预习圆弧与球面的加工。

项目五　数控车床编程

任务一　G02、G03 指令编程加工

【教学目标】

● 掌握数控车床控制面板的功能及正确使用的方法。

● 掌握数控车床坐标系。

● 掌握 G、M、S、T 各指令代码的含义及正确使用。

【教学难点】

①数控车床控制面板的正确使用。

②通过强化练习区分两种面板的功能。

③编程指令的格式应用。

一、讲解内容

1. 工作任务

加工如图 2.5.1 所示零件。

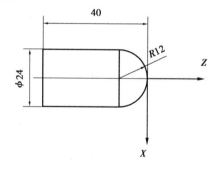

图 2.5.1　零件 2

2. 编程指令

（1）指令格式

①用 I、K 指定圆心位置,其格式为:

G02/G03 X(U)__ Z(W)__ I __ K __ F __;

②用圆弧半径 R 指定圆心位置,其格式为:

G02/G03 X(U)__ Z(W)__ R __ F __;

指令中字母符号的意义见表 2.5.1。

表 2.5.1　G02 与 G03 程序段中各指令的含义

方式选择	指令	释　义
回转方向	G02	刀具轨迹按顺时针圆弧插补
	G03	刀具轨迹按逆时针圆弧插补
终点位置	X、Z(U、W)	工件坐标系中圆弧终点的 X、Z(U、W)值
圆心到圆弧起点的增量距离	I、K	I:圆心相对于圆弧起点在 X 方向的坐标增量； K:圆心相对于圆弧起点在 Z 方向的坐标增量
圆弧半径	R	圆弧的半径

（2）运动轨迹

圆弧插补指令是命令刀具在指定平面内按给定的进给速度作圆弧运动,切削出圆弧轮廓。

（3）指令作用

该指令用于圆弧表面的加工。

（4）注意事项

①圆弧顺逆的判断:对于前置刀架,圆弧顺逆的判断刚好与时针方向判断相反,即顺时针为 G03,逆时针为 G02,如图 2.5.2 所示;对于后置刀架,圆弧顺逆的判断刚好与时针方向判断一致,顺时针为 G02,逆时针为 G03,如图 2.5.3 所示。

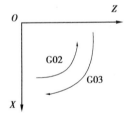

图 2.5.2　前置刀架圆弧顺逆的判断　　　　图 2.5.3　后置刀架圆弧顺逆的判断

②用绝对值编程时,用 X、Z 表示圆弧终点在工件坐标系中的坐标值;采用增量值编程时,用 U、W 表示圆弧终点相对于圆弧起点的增量值。

③I、K 为圆心坐标相对于圆弧起点坐标的增量。即 $I = X_{圆心坐标}/2 - X_{圆弧起点坐标}/2$（即 I 为半径值）,$K = Z_{圆心坐标} - Z_{圆弧起点坐标}$,当 I、K 值为零时可以省略。

④用圆弧半径 R 编程时规定:圆心角小于或等于 180° 的圆弧,R 值为正;圆心角大于 180° 的圆弧,R 值为负。

⑤程序段中同时给出 I、K 和 R 值,以 R 值优先,I、K 无效。

⑥G02、G03 用半径 R 值指定圆心位置时,不能用于整圆加工。

3. 工艺分析

（1）零件几何特点

零件加工面主要为 R12 的圆弧和 φ24 的外圆。各外圆长度尺寸如图 2.5.1 所示,表面粗糙度为 6.3 μm。

（2）加工工序

根据零件结构选用毛坯为 $\phi30$ mm $\times90$ mm 的棒料,工件材料为 45#钢。选用 CJK6136W 车床即可达到要求。加工工序为:

①平端面。

②切圆弧。

③外圆车。

④切断。

⑤选择各工序刀具及切削参数,见表 2.5.2。

表 2.5.2　刀具表

序号	加工面	刀具号	刀具规格		主轴转速 $n/(r \cdot min^{-1})$	进给速度 $V/(mm \cdot min^{-1})$
			类型	材料		
1	端面车削	T01	90°外圆车刀具	硬质合金	500	50
2	外圆粗加工	T01	90°外圆车刀具		500	100
3	外圆精车	T02	90°外圆车刀具		1 000	50
4	切断	T03	切断刀		400	30

⑥以外圆为定位基准,用卡盘夹紧。

（3）加工过程

表 2.5.3　加工过程

工步	工步内容	工步图	说　明
1	端面切削		用 G01 进行
2	外圆粗车切削		用 G03 进行 留 0.5 mm 的精车余量
3	外圆粗车切削		用 G01 进行 达到尺寸要求
4	用切断刀切断工件		切断刀宽 4 mm 用 G01 切断

4. 参考程序

（1）确定工件坐标系和对刀点

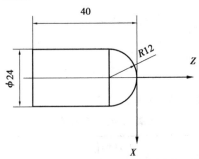

图 2.5.4　坐标系

在 *XOZ* 平面内确定以工件右端面轴心线上点为工件原点，建立工件坐标系，采用手动试切对刀方法对刀。

（2）编程

表 2.5.4　程序

程序号	OO0004	
程序段号	程序段内容	注释
N01	T0101;	换 1 号刀
N05	M03 S500;	启动主轴
N10	G00 X30. Z0;	刀具加工定位
N15	G01 X0 Z0 F150;	平端面
N20	G03 X24. Z-12. R12.;	直接加工半球面
N25	G01 Z-40.;	加工外圆柱面
N30	G01 X30.;	刀具从工件表面退出
N35	G00 X100. Z100.;	退至换刀点
N40	M05;	主轴停
N45	M30;	程序结束

（3）指导学生进行程序编制及工艺的制订

进行程序编制，重点掌握 G00、G01、G90、G94 指令在数控车床上的应用。

二、操作演示

1. 功能键的使用要领

①G00 用 F 指令指定的进给速度进给无效。

②G02、G03 的方向确定。

③在同一个程序段中可以指令几个不同组的 G 代码，如果在同一个程序段中指令了两个

以上的同组 G 代码时,后一个 G 代码有效。

④F 代码允许输入 7 位数字等。

2. 对刀(试切法)

用试切法对刀。步骤如下:

①进入手动工作方式,选择合适的主轴转速,启动主轴,选择 1 号刀,平工件的端面,并沿 X 轴方向退刀。

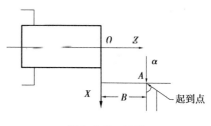

图 2.5.5　对刀

②按[刀补]键,在刀补位置号输入 Z0。

③用 1 号刀车削工件外圆,并沿 Z 轴方向退刀。

④用卡尺测量所车工件的外径,记为 Φ。

⑤按[刀补]键,在刀补位置号输入直径值。

其他刀具和以上对刀方法相同。

三、加工

①指导学生建立工件坐标系和程序的编制及工艺的制订。

②在加工一定尺寸后测量其精度,指导学生利用修改刀补设置,校正尺寸精度。

③程序调试与零件的试切。

④巡回指导。

四、实训小结

本次课主要是在已经讲解了外圆及端面加工的基础知识的基础上,进行实践操作练加工。目的是要使学生理解外圆车刀的使用以及加工方法及基本指令的运用;重点掌握圆弧加工方法。

掌握工件坐标系的建立方法;重点掌握车削外圆及端面轮廓常用编程指令及程序编制方法;熟练掌握操作加工及精度检验。

五、课后作业

①总结归纳外圆与端面轮廓车削加工中所出现的问题和解决办法。

②分析刀具补偿原理,如何选择外圆加工时的切削用量?

③考虑保证零件加工精度和表面粗糙度要求应采取的措施。

任务二　G90、G94 单一循环指令编程加工

【教学目标】

● 掌握数控车床控制面板的功能及正确使用的方法。

● 掌握数控车床坐标系。

● 掌握 G、M、S、T 各指令代码的含义及正确使用。

【教学难点】

● 数控车床控制面板的正确使用。

● 通过强化练习区分两种面板的功能。

● 编程指令的格式应用。

一、讲解内容

1. 工作任务

加工如图2.5.6所示零件。

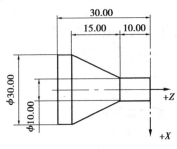

图2.5.6 零件3

2. 编程指令

1) 圆柱面切削循环 G90

(1) 指令格式

G90 X(U) __ Z(W) __ F __ ;

其中，X(U) __ Z(W) __ 表示切削终点坐标值，F __ 表示切削速度。

(2) 运动轨迹

如图2.5.7所示，刀具从循环起点开始按矩形循环，最后又回到循环起点。图中虚线表示快速运动，实线表示按F指定的工作进给速度运动。X、Z为圆柱面切削终点坐标值；U、W为圆柱面切削终点相对循环起点的增量值。

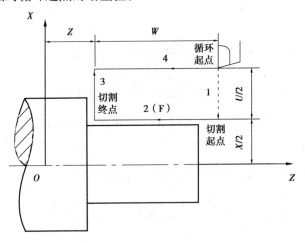

图2.5.7 外圆切削循环

动作分解：其加工顺序按①②③④进行。

①X轴快进至与终点坐标同一X坐标的位置上；

②Z轴以进给速度车削至终点位置；

③X轴以进给速度退至与起点同一X坐标的位置；

④Z 轴快退回起点。

（3）指令作用

固定循环是预先给定一系列操作，用来控制机床位移或主轴运转，从而完成各项加工。对非一刀加工完成的轮廓表面（包括外圆柱面、内孔面），即加工余量较大的表面，采用循环编程，可以缩短程序段的长度，减少程序所占内存。

例：应用圆柱面切削循环功能加工图 2.5.8 所示零件。

O010

N10 T0101；

N20 M03 S1000；

N30 G00 X55 Z4 M08；

N50 G90 X45 Z-25 F150；

N60 X40；

N70 X35；

N80 G00 X200 Z200；

N90 M05；

N100 M30；

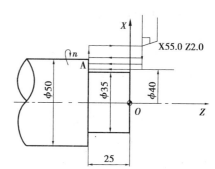

图 2.5.8　G90 切削圆柱表面应用

2）锥面切削固定循环指令 G90

（1）指令格式

G90 X（U）__ Z（W）__ I __ F __；

其中，X（U）__ Z（W）__为终点坐标，F 为进给速度，I 为锥体大小端的半径差。编程时，应注意 I 的符号，锥面起点坐标大于终点坐标时为正，反之为负，如图 2.5.9 所示。

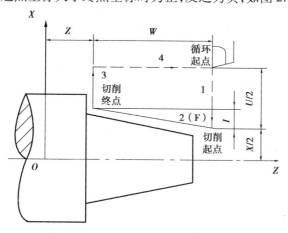

图 2.5.9　锥面切削循环

（2）运动轨迹

刀具从循环起点开始按梯形循环，最后又回到循环起点。图中虚线表示快速运动，实线表示按 F 指定的工作进给速度运动。X、Z 为圆柱面切削终点坐标值；U、W 为圆柱面切削终点相对循环起点的增量值。

动作分解：其加工顺序按①②③④进行。

①X轴快进至与终点坐标同一X坐标的位置上；

②Z轴以进给速度车削至终点位置；

③X轴以进给速度退至与起点同一X坐标的位置；

④Z轴快退回起点。

（3）指令作用

对加工余量较大的锥面,采用循环编程,可以缩短程序段的长度,减少程序所占内存。

（4）注意事项

一般在固定循环切削过程中,M、S、T等功能都不改变;但如果需要改变时,必须在G00或G01的指令下变更,然后再指令固定循环。

例如：

N10 G00 X60.0 Z87.0；

N20 S600 M03；

N30 G90 X38.0 Z25.0 F0.3；

例如：应用圆锥面切削循环功能加工图2.5.10所示零件。

…

G01 X65 Z2 ；

G90 X60 Z-35 I-5 F0.2 ；

X50 I-5 ；

G00 X100 Z200 ；

…

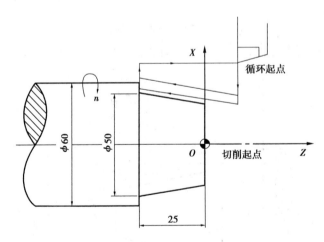

图 2.5.10　圆锥面单一固定循环

3）端面切削循环 G94

（1）指令格式

G94 X(U)_____ Z(W)_____ F _____；

其中,X(U)_____ Z(W)_____为终点坐标,F为进给速度。

（2）运动轨迹

刀具从循环起点开始按矩形循环,最后又回到循环起点。图中虚线表示快速运动,实线表示按F指定的进给速度运动。X、Z为圆柱面切削终点坐标值;U、W为圆柱面切削终点相对循环起点的增量值,如图 2.5.11 所示。

（3）指令作用

G94 指令用于在零件的垂直端面毛坯余量较大时的加工,或直接用棒料车削零件时,以去除大部分毛坯余量。端面切削循环是一种单一固定循环,适用于端面切削加工。

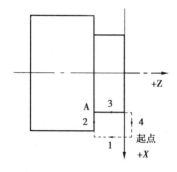

图 2.5.11　端面车削固定循环

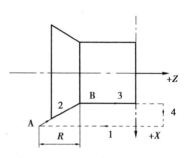

图 2.5.12　G94 指令轨迹

4）锥形端面车削固定循环

（1）指令格式

G94 X（U）__ Z（W）__ R __ F __;

其中,X（U）__ Z（W）__为终点坐标,F 为进给速度,R __为圆锥起点相对于圆锥终点在 Z 轴上的位置差:

R = ZA − ZB

（2）指令轨迹

刀具从循环起点开始按梯形循环,最后又回到循环起点,如图 2.5.12 所示。图中虚线表示快速运动,实线表示按 F 指定的工作进给速度运动。X、Z 为圆柱面切削终点坐标值;U、W 为圆柱面切削终点相对循环起点的增量值。

（3）指令作用

G94 指令用于在零件锥形端面上毛坯余量较大时的加工,直接从棒料车削零件时进行精车前的粗车,以去除大部分毛坯余量。

3.工艺分析

1）零件几何特点

零件加工面主要为端面及 $\phi 10$、$\phi 30$ 的外圆,各外圆长度尺寸如图 2.5.6 所示,表面粗糙度为 6.3 μm。

2）加工工序

根据零件结构选用毛坯为 $\phi 40$ mm ×90 mm 的棒料,工件材料为 45#钢。选用普通数控车床即可达到要求。加工工序为:

①平端面。

②外圆粗车循环切削。

③锥面粗车循环。

④切断。

⑤选择各工序刀具及切削参数,见表2.5.5。

表2.5.5　刀具及切削参数表

序号	加工面	刀具号	刀具规格		主轴转速	进给速度
			类型	材料	$n/(\text{r} \cdot \text{min}^{-1})$	$V/(\text{mm} \cdot \text{min}^{-1})$
1	端面车削	T01	90°外圆车刀具	硬质合金	500	50
2	外圆粗加工	T01	90°外圆车刀具		500	100
3	圆柱面粗车	T02	3 mm 宽切断刀		500	50
4	锥面粗车	T02	3 mm 宽切断刀		500	50
5	切断	T02	切断刀		400	30

⑥以外圆为定位基准,用卡盘夹紧。

3)加工过程

表2.5.6　加工过程

工步	工步内容	工步图	说　明
1	端面切削		用 G01 进行
2	外圆粗车切削		G90 进行
3	圆柱面加工		用 G94 进行
4	锥面粗车		用 G94 进行 达到尺寸要求

续表

工步	工步内容	工步图	说　明
5	用切断刀切断工件	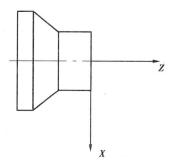	切断刀宽 4 mm 用 G01 切断

4. 参考程序

1) 确定工件坐标系和对刀点(图 2.5.13)

在 XOZ 平面内确定以工件右端面轴心线上点为工件原点,建立工件坐标系,采用手动试切对刀方法对刀。

图 2.5.13　工件坐标系和对刀点

2) 编程

表 2.5.7　程序

程序号	O0008	
程序段号	程序段内容	注　释
N01	T0101;	换 1 号刀
N05	M03 S600;	启动主轴
N10	G00 X40.Z0.;	刀具加工定位
N15	G01 X0 Z0 F150;	平端面
N20	G01 Z3.;	退刀
N25	G00 X45.0;	X 向定位
N26	G90 X35 Z-30 F150;	粗车循环加工外加圆表面
N27	G90 X30 Z-30 F150;	

续表

程序号	OO008	
程序段号	程序段内容	注 释
N28	G00 X100. Z100	回换刀点
N29	M05；	主轴停
N30	T0202；	换 2 号刀
N31	M03 S500；	主轴正转
N32	G00 Z3.0；	
N33	G00 X35.；	
N34	G94 X15. Z-3. F30；	
N35	Z-5.；	
N40	Z-7.；	循环切外圆至要求尺寸
N45	Z-9.；	
N47	Z-10.；	
N50	G0 X32. Z-5.；	刀具至起刀点
N55	G94 X10. Z-10. R-3.；	
N60	R-5.；	
N65	R-7.；	
N70	R-9.；	循环切外圆锥至要求尺寸
N75	R-11.；	
N76	R-13.；	
N80	R-15.；	
N85	G00 X100. Z100.；	退刀至换刀点
N90	M05；	主轴停
N95	M30；	程序结束

3) 指导学生进行轮廓程序的编制及工艺的制订

建议以手动方式进行程序编制,重点掌握 G00、G01、G90、G94 指令在数控车床上的应用。

二、功能键的使用要领

①G00 用 F 指定的进给速度进给无效;

②G90、G94 的使用方法;

③在同一个程序段中可以指令几个不同组的 G 代码,如果在同一个程序段中指令了两个以上的同组 G 代码时,后一个 G 代码有效。

三、加工

①指导学生建立工件坐标系和程序的编制及工艺的制订。

②在加工一定尺寸后测量其精度,指导学生利用修改刀补设置,校正尺寸精度。

③程序调试与零件的试切。

④巡回指导。

四、实训小结

本次课主要是在已经讲解了外圆及端面加工的基础知识的基础上,进行实践操作练加工。目的是要使学生理解外圆车刀的使用以及加工方法及基本指令的运用;重点掌握外圆单一循环加工方法。

掌握工件坐标系的建立方法;重点掌握车削外圆及端面轮廓常用编程指令及程序编制方法;熟练掌握操作加工及精度检验。

五、课后作业

①总结归纳外圆与端面轮廓车削加工中所出现的问题和解决办法。

②分析刀具补偿原理,如何选择外圆加工时的切削用量

③考虑保证零件加工精度和表面粗糙度要求应采取的措施。

项目六　简单套类零件加工

任务一　简单套类零件编程加工

【教学目标】

- 掌握套类零件加工程序的编写方法；
- 掌握套类零件加工中的工艺安排。

【教学难点】

- 套类零件加工程序中余量方向的确定。
- 套类工件程序循环点的确定。
- 加工过程中，进刀和退刀路线的确定。

一、讲解内容

1. 工作任务

加工如图 2.6.1 所示零件。

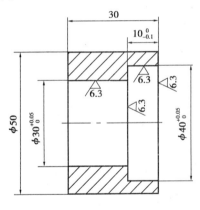

图 2.6.1　零件 4

1）复习

①孔类加工刀具的运用与注意事项。

②孔加工的方法。

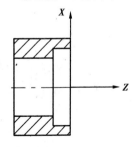

图 2.6.2　坐标系

2）工艺分析

（1）零件几何特点

该零件为一套类零件，主要加工面为端面和内孔加工。内孔尺寸偏差为 0.05，表面粗糙度为 6.3 μm。

（2）加工工序

选用毛坯为 φ55 的棒料，材料为 45# 钢。外形已加工，根据零件图样要求，其加工工序为：

①建立工件坐标系，并输入刀补值。坐标系如图 2.6.2 所示。

②端面加工。

③点孔加工,选用 $\phi3$ mm 中心钻。

④钻孔加工,选用 $\phi20$ mm 直柄麻花钻,可利用尾座手动钻。

⑤扩孔加工,选用 $\phi28$ mm 扩孔钻,可利用尾座手动钻。

⑥镗孔加工,先镗小孔再镗大孔。

⑦切断,选用刀宽为 4 mm 的切断刀。

（3）各工序刀具及切削参数选择

表 2.6.1 刀具及切削参数

序号	加工面	刀具号	刀具规格		主轴转速	进给速度
			类型	材料	$n/(\text{r} \cdot \text{min}^{-1})$	$V/(\text{mm} \cdot \text{min}^{-1})$
1	端面	T01	90°外圆车刀	高速钢	500	50
2	点孔加工		$\phi3$ mm 中心钻		800	120
3	钻孔加工		$\phi20$ mm 麻花钻		400	80
4	扩孔加工		$\phi28$ mm 麻花钻		400	80
5	镗孔加工	T02	内孔刀		500	60
6	切断	T03	刀宽 4 mm 的切断刀		400	40

（4）加工过程

表 2.6.2 加工过程

序号	工 步	工步图	说 明
1	切端面		用 G94 车削
2	建立工件坐标系		建立工件坐标系
3	打中心孔		利用尾座用手动操作

续表

序号	工 步	工步图	说 明
4	钻 ϕ20 孔		用 ϕ20 麻花钻利用尾座用手动操作
5	扩 ϕ28 孔		用 ϕ28 麻花钻利用尾座用手动操作
6	外圆精车至 ϕ50		用 G90 车削 F50 mm/min S1000 r/min
7	镗孔		镗削
8	切断		切断刀宽 4 mm

（5）参考程序

表2.6.3　程序

程序号	OO008	
程序段号	程序段内容	注 释
N01	T0101；	换1号刀
N05	M03 S600；	启动主轴
N10	G00 X60. Z0.；	刀具加工定位

程序号	OO008	
程序段号	程序段内容	注　释
N15	G01 X0 Z0 F150；	平端面
N20	G01 Z3.；	退刀
N25	G00 X60.0；	X 向定位
N26	G90 X50 Z-30 F150；	粗车循环加工外加圆表面
N28	G00 X100.Z100	回换刀点
N29	M05；	主轴停
N30	T0202；	换 2 号刀
N31	M03 S500；	主轴正转
N32	G00 Z3.0；	
N33	G00 X25.；	
N34	G90 X30.Z-30.F100；	
N35	G90 X35.Z-10.F100；	
N40	G90 X40.Z-10.F100；	
N45	G00 X100.Z100.；	
N50	M05；	
N55	T0303；	
N60	M03 S500；	
N65	G00 X55.Z-33.	循环切外圆至要求尺寸
N70	G01 X40.Z-33.F80；	
N75	G01 X30.F60；	
N80	G01 X20.F40；	
N85	G01 X10.F20；	
N90	G01 X0 F10；	
N95	G00 X100.Z100.；	
N100	M05；	
N105	M30；	

2. 内孔刀对刀

用试切法对刀。步骤如下：

①进入手动工作方式,选择合适的主轴转速,启动主轴,选择 2 号刀,平工件的端面,并沿 X 轴方向退刀。

②按[刀补]键,在刀补位置号输入 Z0。

③用 2 号刀车削工件内孔,并沿 Z 轴方向退刀。

④用卡尺测量所车工件内孔的外径,记为 Φ。

⑤按[刀补]键,在刀补位置号输入直径值。

其他刀具和以上对刀方法相同。

二、操作演示

①刀具的选用。

②坐标系的建立。

③刀补值的建立。

④零件加工精度检验。

三、加工

指导学生建立工件坐标系和程序的编制及工艺的制订。在加工一定尺寸后测量其精度,指导学生利用修改刀补设置,校正尺寸精度。

(1)程序调试与零件的试切

①将程序输入数控装置中,让机床空运转,以检查程序是否正确。

②在有 CRT 图形显示的数控车床上模拟运行,以检查刀具与工件之间是否干涉和有过多的空行程。

③零件的首件试切。当发现有加工误差时,分析误差产生的原因,找出问题所在,加以修正。

(2)注意事项

①换刀时不要与工件产生撞击。

②镗孔刀具加工到头时,退刀时要向小径方向退一点,再退刀。

③精车与粗车的加工进给速度与转速的改变。

四、实训小结

本次课主要讲了孔类刀具的使用、孔加工的方法及 G00、G01 指令在加工套类零件中的运用。

五、课后作业

①总结归纳外圆与端面轮廓车削加工中所出现的问题和解决办法。

②分析刀具补偿原理及如何选择内孔加工时的切削用量。

③考虑保证零件加工精度和表面粗糙度要求应采取的措施。

任务二 简单套类零件编程加工

【教学目标】

• 掌握套类零件的加工程序编写方法;

• 掌握套类零件加工中的工艺安排。

【教学难点】

● 套类零件加工程序中余量方向的确定。

● 套类工件程序循环点的确定。

● 加工过程中,进刀和退刀路线的确定。

一、讲解内容

1.工作任务

加工如图 2.6.3 所示零件。

1)复习

①孔类加工刀具的运用与注意事项;

②孔加工的方法。

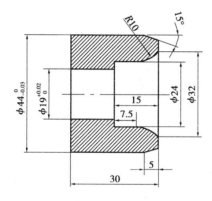

图 2.6.3 零件 5

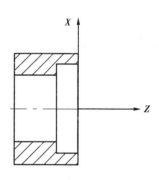

图 2.6.4 坐标系

2)工艺分析

(1)零件几何特点

该零件为一套类零件,主要加工面为端面和内孔加工。内孔尺寸偏差为 0.02,表面粗糙度为 6.3 μm。

(2)加工工序

选用毛坯为 φ50 的棒料,材料为 45# 钢。外形已加工,根据零件图样要求,其加工工序为:

①建立工件坐标系,并输入刀补值。坐标系如图 2.6.4 所示。

②端面加工。

③点孔加工,选用 φ3 mm 中心钻。

④钻孔加工,选用 φ16 mm 直柄麻花钻,可利用尾座手动钻。

⑤扩孔加工,选用 φ18 mm 扩孔钻,可利用尾座手动钻。

⑥镗孔加工,先镗小孔再镗大孔。

⑦切断,选用刀宽 4 mm 的切断刀。

（3）各工序刀具及切削参数选择

表 2.6.4　刀具及切削参数

序号	加工面	刀具号	刀具规格		主轴转速 $n/(\text{r} \cdot \text{min}^{-1})$	进给速度 $V/(\text{mm} \cdot \text{min}^{-1})$
			类型	材料		
1	端面	T01	90°外圆车刀	高速钢	500	50
2	点孔加工		$\phi3$ mm 中心钻		800	120
3	钻孔加工		$\phi16$ mm 麻花钻		400	80
4	扩孔加工		$\phi18$ mm 麻花钻		400	80
5	镗孔加工	T02			500	60
6	切断	T03	4 mm 的切断刀		400	40

（4）加工过程

表 2.6.5　加工过程

序号	工　步	工步图	说　明
1	切端面		用 G94 车削
2	建立工件坐标系		建立工件坐标系
3	打中心孔		利用尾座用手动操作
4	钻 $\phi16$ 孔		用 $\phi16$ 麻花钻利用尾座用手动操作

序号	工　步	工步图	说　明
5	扩 $\phi18$ 孔		用 $\phi18$ 麻花钻利用尾座用手动操作
6	外圆精车至 $\phi44$		用 G90 车削 F150 mm/min S1000 r/min
7	镗孔		镗削
8	切断		切断刀宽 4 mm

（5）参考程序

表 2.6.6　程序

程序号	OO008	
程序段号	程序段内容	注释
N01	T0101；	换 1 号刀
N05	M03 S600；	启动主轴
N10	G00 X60.Z0.；	刀具加工定位
N15	G01 X0 Z0 F150；	平端面
N20	G01 Z3.；	退刀
N25	G00 X60.0；	X 向定位
N26	G90 X44 Z-30 F150；	粗车循环加工外加圆表面
N27	G01 X41.32 F150；	
N28	Z0；	
N29	G01 X44.Z-5.；	

续表

程序号	00008	
程序段号	程序段内容	注释
N30	G00 X100.Z100	回换刀点
N31	M05;	主轴停
N32	T0202;	换 2 号刀
N33	M03 S500;	主轴正转
N34	G00 Z3.0;	
N35	G00 X15.;	
N40	G90 X19.Z-30.F100;	
N45	G90 X24.Z-15.F100;	
N50	G01 X32.;	
N55	Z0;	
N60	G02 X24.Z-7.5 R10.;	
N65	G01 X20.	
N70	Z3.;	
N75	G00 X100.Z100.;	
N80	M05;	
N85	T0303;	
N90	M03 S500;	
N95	G00 X55.Z-33.	循环切外圆至要求尺寸
N100	G01 X40.Z-33.F80;	
N105	G01 X30.F60;	
N110	G01 X20.F40;	
N115	G01 X10.F20;	
N120	G01 X0 F10;	
N125	G00 X100.Z100.;	
N130	M05;	
N135	M30;	

2. 对刀

用试切法对刀。步骤如下:

①进入手动工作方式,选择合适的主轴转速,启动主轴,选择 2 号刀,平工件的端面,并沿 X 轴方向退刀。

②按[刀补]键,在刀补位置号输入 Z0。

③用 2 号刀车削工件内孔,并沿 Z 轴方向退刀。

④用卡尺测量所车工件的外径,记为 Φ。

⑤按[刀补]键,在刀补位置号输入直径值。

其他刀具和以上对刀方法相同。

二、加工

①指导学生建立工件坐标系和程序的编制及工艺的制订。

②在加工一定尺寸后测量其精度,指导学生利用修改刀补设置,校正尺寸精度。

③程序调试与零件的试切。

④巡回指导。

三、实训小结

本次课主要是在已经讲解了内孔及端面加工知识的基础上,进行实践操作。目的是使学生理解外圆车刀的使用以及加工方法及基本指令的运用;重点掌握外圆加工方法。

掌握工件坐标系的建立方法;重点掌握内孔刀对刀方法,熟练掌握操作加工及精度检验。

四、课后作业

①总结归纳外圆与端面轮廓车削加工中所出现的问题和解决办法。

②分析刀具补偿原理及如何选择内孔加工时的切削用量。

③考虑保证零件加工精度和表面粗糙度要求应采取的措施。

项目七　螺纹类零件编程加工

任务一　G32 指令螺纹编程加工

【教学目标】
- 掌握螺纹类零件加工程序的编写方法；
- 掌握螺纹类零件加工中的工艺安排。

【教学难点】
- 螺纹类零件加工程序中余量方向的确定。
- 螺纹类工件程序起刀点的确定。
- 加工过程中,进刀和退刀路线的确定。

一、讲解内容

1. 工作任务

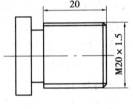

图 2.7.1　零件 6

加工如图 2.7.1 所示零件。

螺纹切削分为单行程螺纹切削、单一螺纹循环和螺纹切削复合循环。数控车床可以加工直螺纹、锥螺纹、端面螺纹。

2. 编程指令:单行程螺纹切削 G32

(1) 指令格式

G32 X(U)＿ Z(W)＿ F ＿;

指令中的 X(U)、Z(W) 为螺纹终点坐标,F 为螺纹导程(单位 0.01 mm/min)。

(2) 运动轨迹

G32 刀具路径与 G01 相同。一般在切削螺纹时,从粗切到精切,是沿同一轨迹多次重复切削。由于在主轴上安装有位置编码器,每次重复切削时起始点和运动轨迹都是相同的,同时要求主轴的转速必须是恒定的。螺纹开始和结束部分,一般由于伺服迟滞等原因,会造成导程误差,因此要考虑一定的增加量,指定切削长度比螺纹长度长一些,δ_1、δ_2 为切入量与切出量。一般 $\delta_1 = 2 \sim 5$ mm、$\delta_2 = (1/4 \sim 1/2)\delta_1$,如图 2.7.2 所示。

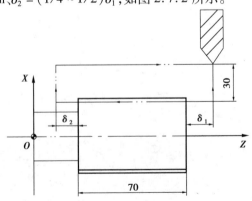

图 2.7.2　G32 切削螺纹轨迹

（3）注意事项

①在保证生产效率和正常切削的情况下，宜选择较低的主轴转速。

②当螺纹加工程序段中的导入长度 δ_1 和切出长度 δ_2 比较充裕时，可选择适当高一些的主轴转速。

③当编码器所规定的允许工作转速超过车床所规定主轴的最大转速时，则可选择尽量高一些的主轴转速。

④通常情况下，车螺纹时主轴转速应按其机床或数控系统说明书中规定的计算式进行确定，其计算式为：

$$n_{螺} \leq (1\ 200/P) - 80$$

⑤牙型较深、螺距较大时，可分数次进给，每次进给的背吃刀量用螺纹深度减去精加工背吃刀量所得之差按递减规律分配。常用螺纹切削的进给次数与背吃刀量见表2.7.1。

表2.7.1　常用公制螺纹切削的进给次数与背吃刀量（双边）（mm）

螺距		1.0	1.	2.0	2.5	3.0	3.5	4.0
牙深		0.649	0.974	1.299	1.624	1.949	2.273	2.598
背吃刀量和切削次数	1次	0.7	0.8	0.9	1.0	1.2	1.5	1.5
	2次	0.4	0.6	0.6	0.7	0.7	0.7	0.8
	3次	0.2	0.4	0.6	0.6	0.6	0.6	0.6
	4次		0.16	0.4	0.4	0.4	0.6	0.6
	5次			0.1	0.4	0.4	0.4	0.4
	6次				0.15	0.4	0.4	0.4
	7次					0.2	0.2	0.4
	8次						0.15	0.3
	9次							0.2

3. 工艺分析

（1）零件几何特点

零件加工主要为端面、槽、螺纹的加工。

（2）加工工序

根据零件结构，选用毛坯为 $\phi 25$ mm×90 mm 的棒料，工件材料为45#钢。选用普通数控车床即可达到要求。加工工序为：

①平端面。

②外圆粗车循环切削。

③切槽。

④切螺纹。

各工序刀具及切削参数选择见表2.7.2。

表 2.7.2　刀具及切削参数

| 序号 | 加工面 | 刀具号 | 刀具规格 | | 主轴转速 $n/(\text{r}\cdot\text{min}^{-1})$ | 进给速度 $V/(\text{mm}\cdot\text{min}^{-1})$ |
			类型	材料		
1	端面车削	T01	90°外圆车刀具	硬质合金	500	50
2	外圆粗加工	T01	90°外圆车刀具		500	100
3	切槽	T02	切断刀		500	50
4	车削螺纹	T03	螺纹刀		400	30

（3）加工过程

表 2.7.3　加工过程

工步	工步内容	工步图	说　明
1	端面切削		用 G01 进行
2	外圆粗车切削		用 G90 进行
3	切槽		切断刀宽 3 mm 用 G01 进行 达到尺寸要求
4	用切螺纹		用 G32 加工

4. 参考程序

（1）确定工件坐标系和对刀点

在 *XOZ* 平面内确定以工件右端面轴心线上点为工件原点，建立工件坐标系，采用手动试切对刀方法对刀。

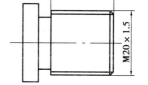

图 2.7.3 确定工件坐标系和对刀点

（2）加工前螺纹大径和底径的计算方法

螺纹大径 = 公称直径 − 0.13 × 螺距 = 20 − 0.13 × 1.5 = 19.805

螺纹底径 = 公称直径 − (1.1 ~ 1.3) × 螺距 = 19.805 − 1.3 × 1.5 = 17.855

（3）切削用量选择

分 4 次切完，每一次切深为 0.8 mm、0.6 mm、0.4 mm、0.15 mm。

表 2.7.4 程序

程序号	OO009	
程序段号	程序段内容	注 释
N01	T0101;	换 1 号刀
N05	M03 S500;	启动主轴
N10	G00 X30. Z0.;	刀具加工定位
N15	G01 X0 Z0 F150;	平端面
N20	G01 Z3.;	退刀
N25	G00 X19.805	X 向定位
N30	G01 Z-22. F150;	外圆柱加工
N35	G00 X100.;	退刀
N40	M00;	程序暂停
N45	T0202;	换螺纹刀
N50	M03 S600;	主轴正转
N55	G00 Z3.;	Z 向定位
N60	X19.005.;	X 向进刀
N65	G32 X19.005 Z-21. F1.5;	切螺纹
N70	G0 X25.;	X 向退刀
N75	Z3.;	Z 向退刀
N80	X18.405.;	X 向进刀
N85	G32 Z-21. F1.5;	切螺纹
N90	G0 X25.;	X 向退刀
N95	Z3.;	Z 向退刀
N100	G0 X17.855;	X 向进刀
N105	G32 Z-21. F1.5;	切螺纹

续表

程序号	00009	
程序段号	程序段内容	注　释
N110	G0 X30. ;	刀具退出
N115	G00 X100. 100.	退至换刀点
N120	M05 ;	主轴停
N125	M30 ;	程序结束

二、操作演示

①刀具的选用。

②坐标系的建立。

③刀补值的建立。

④零件加工精度检验。

三、加工

指导学生建立工件坐标系、编制程序及制定工艺。在加工一定尺寸后测量其精度,指导学生利用修改刀补设置,校正尺寸精度。

(1)程序调试与零件的试切

①将程序输入数控装置中,让车床空运转,以检查程序是否正确。

②在有 CRT 图形显示的数控车床上模拟运行,以检查刀具与工件之间是否干涉和有过多的空行程。

③零件的首件试切。当发现有加工误差时,分析误差产生的原因,找出问题所在,加以修正。

(2)注意事项

①换刀时不要与工件产生撞击。

②螺纹加工进给速度与转速的选择。

四、实训小结

本次课主要讲了螺纹刀具的使用、螺纹加工尺寸的计算。

五、课后作业

①螺纹类零件加工程序中余量方向的确定。

②螺纹类工件程序起刀点的确定。

③加工过程中进刀和退刀路线的确定。

任务二　G92 指令螺纹编程加工

【教学目标】

● 掌握螺纹类零件加工程序的编写方法。

● 掌握螺纹类零件加工中的工艺安排。

【教学难点】

● 螺纹类零件加工程序中余量方向的确定。

● 螺纹类工件程序起刀点的确定。

● 加工过程中,进刀和退刀路线的确定。

一、讲解内容

1. **工作任务**

加工如图 2.7.4 所示零件。

（1）指令格式

螺纹切削循环 G92 为单一螺纹循环,该指令可以切削锥螺纹和圆柱螺纹。其格式为:

G92 X(U)＿ Z(W)＿ I ＿ F ＿;

X、Z 为螺纹终点(C 点)的坐标值;U、W 为螺纹终点坐标相对于螺纹起点的增量坐标;I 为锥螺纹起点和终点的半径差(有正、负之分),加工圆柱螺纹时为零,可省略。

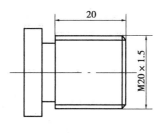

图 2.7.4　零件 7

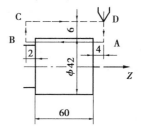

图 2.7.5　G92 螺纹循环指令

（2）运动轨迹

如图 2.7.5 所示为圆柱螺纹循环,按 D、A、B、C、D 进行自动循环,最后又回到循环起点 D。图中虚线表示按快速移动,实线表示按 F 指定的工作进给速度移动。

（3）指令作用

G92 螺纹循环指令适用广泛,在生产企业加工螺纹几乎全部使用 G92 指令,因为 G32 指令生产效率低。G92 指令不仅可以加工直螺纹、锥螺纹,还可以加工多线螺纹。使用 G92 指令加工螺纹时,螺纹刀是直进式切削方法,由于两侧的刀刃同时工作,切削力大,排削困难,因此在切削时,两侧切削刃易磨损。切削螺距较大的螺纹时,其切削深度较大,刀刃磨损较快,进而造成螺纹中径误差较大;但是其加工的牙形精度较高,因此一般多用于螺距小于 3 mm 的螺纹加工。

2. **工艺分析**

（1）零件几何特点

零件加工主要为端面、槽、螺纹的加工。

（2）加工工序

根据零件结构选用毛坯为 $\phi25$ mm ×90 mm 的棒料,工件材料为 45#钢。选用普通数控车床即可达到要求。加工工序为:

①平端面。

②外圆粗车循环切削。

③切槽。

④切螺纹。

⑤选择各工序刀具及切削参数,见表 2.7.5。

表 2.7.5 刀具及切削参数

序号	加工面	刀具号	刀具规格		主轴转速 $n/(\mathrm{r \cdot min^{-1}})$	进给速度 $V/(\mathrm{mm \cdot min^{-1}})$
			类型	材料		
1	端面车削	T01	90°外圆车刀具	硬质合金	500	50
2	外圆粗加工	T01	90°外圆车刀具		500	100
3	切槽	T02	切断刀		500	50
4	车削螺纹	T03	螺纹刀		400	30
5	切断	T02	切断刀		500	30

⑥以外圆为定位基准,用卡盘夹紧。

（3）加工过程

表 2.7.6 加工过程

工步	工步内容	工步图	说 明
1	端面切削		用 G01 进行
2	外圆粗车切削		用 G90 进行
3	切槽		切断刀宽 3 mm 用 G01 进行 达到尺寸要求
4	用切螺纹		用 G92 加工

3.参考程序

(1)确定工件坐标系和对刀点(图2.7.6)

在 *XOZ* 平面内确定以工件右端面轴心线上点为工件原点,建立工件坐标系,采用手动试切对刀方法对刀。

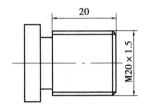

图2.7.6　工件坐标系和原点

(2)加工前螺纹大径和底径的计算方法

$$螺纹大径 = 公称直径 - 0.13 \times 螺距 = 20 - 0.13 \times 1.5 = 19.805$$

$$螺纹底径 = 公称直径 - (1.1 \sim 1.3) \times 螺距 = 19.805 - 1.3 \times 1.5 = 17.855$$

(3)切削用量选择

分4次切完,每一次切深为0.8 mm、0.6 mm、0.4 mm、0.15 mm。

表2.7.7　程序

程序号	O0010	
程序段号	程序段内容	注　释
N01	T0101;	换1号刀
N05	M03 S500;	启动主轴
N10	G00 X30.Z0.;	刀具加工定位
N15	G01 X0 Z0 F150;	平端面
N20	G01 Z3.;	退刀
N25	G00 X19.805	*X*向定位
N30	G01 Z-22.F150;	外圆柱加工
N35	G00 X100.;	退刀
N40	M00;	程序暂停
N45	T0202;	换螺纹刀
N50	M03 S300;	主轴正转
N55	G00 Z3.;	*Z*向定位
N60	X25.;	*X*向进刀

续表

程序号	O0010	
程序段号	程序段内容	注　释
N65	G92 X19.005 Z-21. F1.5;	
N70	X18.405.;	切螺纹
N75	X17.855;	X 向进刀
N80	X17.705	
N85	G00 X100. 100.	退至换刀点
N90	M05;	主轴停
N95	M30;	程序结束

二、操作演示

①刀具的选用。

②坐标系的建立。

③刀补值的建立。

④零件加工精度检验。

三、加工

指导学生建立工件坐标系、编制程序及制订工艺。在加工一定尺寸后测量其精度,指导学生利用修改刀补设置,校正尺寸精度。

(1)程序调试与零件的试切

①将程序输入数控装置中,让机床空运转,以检查程序是否正确。

②在有 CRT 图形显示的数控车床上模拟运行,以检查刀具与工件之间是否干涉和有过多的空行程。

③零件的首件试切。当发现有加工误差时,分析误差产生的原因,找出问题所在,加以修正。

(2)注意事项

①换刀时不要与工件产生撞击。

②螺纹加工进给速度与转速的选择。

四、实训小结

本次课主要讲了螺纹刀具的使用、螺纹加工尺寸的计算。

五、课后作业

①总结归纳螺纹加工中所出现的问题和解决办法。

②如何选择螺纹加工切削用量?

③考虑保证零件加工精度和表面粗糙度要求应采取的措施。

项目八　复杂轴类零件编程加工

任务一　G71、G70 指令编程加工

【教学目标】
- 掌握轮廓粗车循环指令的应用方法；
- 掌握复杂轴类零件的加工工艺；
- 掌握数控车床刀补的建立及使用；
- 掌握准备功能指令（G40、G41、G42、G71）的使用；
- 掌握加工刀具及加工参数的合理确定。

【教学难点】
- 工件坐标原点和机床原点等概念；
- 工件坐标系的用途和使用方法；
- 复杂轴类零件的加工工艺；
- 刀具进刀路线及退刀路线的设定。

一、讲解内容

1. 工作任务

加工如图 2.8.1 所示零件。

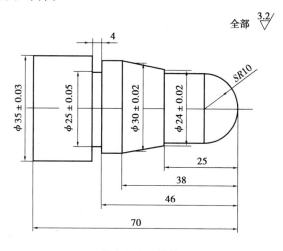

图 2.8.1　零件 8

2. 编程指令

刀具补偿功能是用来补偿刀具实际安装位置（或实际刀尖圆弧半径）与理论编程轨迹之差的一种功能。它分为刀具偏移补偿和刀尖圆弧半径补偿两种功能。

1）刀具的偏移补偿

刀具的偏移补偿包括刀具的几何补偿和磨损补偿两部分。

（1）刀具的几何补偿

加工一个零件往往需要几把不同的刀具,而每把不同的刀具在安装时是根据普通车床装刀的要求安放的,它们在转至车削位置时,其刀尖所处的位置并不相同。而系统要求在加工一个零件时,无论使用哪把刀具,其刀尖位置在切削前应处于一个位置,即同一点,否则零件加工程序很难编制。为使零件加工程序不受刀具安装位置带来的影响,必须在加工程序执行前调整每一把刀具的刀尖位置,使刀架在转位后,每把刀的刀尖位置都重合在同一点。刀具的偏移是指车刀刀尖实际位置与编程位置存在的误差。例如,编制工件加工程序时,按基准刀具的刀尖编程,即以基准刀刀尖点作为程序的起点,但换第二把刀后,其刀尖点相对于基准刀刀尖点必有偏移,其偏移值为 ΔX、ΔZ。将此二值输入相应的存储器中,当程序执行了刀具补偿功能后,第二把刀的刀尖点就移到了基准刀刀尖点的位置,这个调整的过程也就是俗称的对刀。如图 2.8.2 所示,刀具几何补偿是补偿刀具形状和刀具安装位置与编程时理想刀具或基准刀具的偏移量。

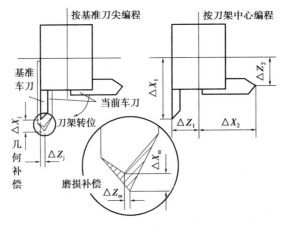

图 2.8.2　刀具偏移补偿

（2）刀具的磨损补偿

刀具使用一段时间后磨损了,也会使零件尺寸产生误差,因此需要对其进行补偿。该补偿与刀具偏置补偿存放在同一个寄存器的地址号中,各刀的磨损补偿只对该刀有效(包括基准刀)。

2）刀具的半径补偿

数控程序一般是针对刀具上的某一点即刀位点按工件轮廓尺寸编制的。车刀的刀位点一般为理想状态下的假想刀尖点或刀尖圆弧圆心点,如图 2.8.3 所示。但实际加工中的车刀,由于工艺和刀具强度要求,刀尖往往不是一个理想点,而是一段圆弧。切削加工时,刀具切削点在刀尖圆弧上变动,造成实际切削点与刀位点之间的位置有偏差,故造成过切或欠切的现象,如图 2.8.4 所示。数控系统的刀具半径补偿功能正是为解决这个问题所设定的。它允许编程者以假想刀尖位置编程,然后给出刀尖圆弧半径,由系统自动计算补偿值,生成刀具路径,完成对工件的合理加工。利用机床自动进行刀尖半径补偿时,需要使用 G40、G41、G42指令。

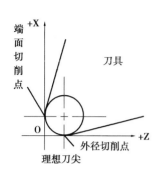

图 2.8.3 理想状态刀尖点

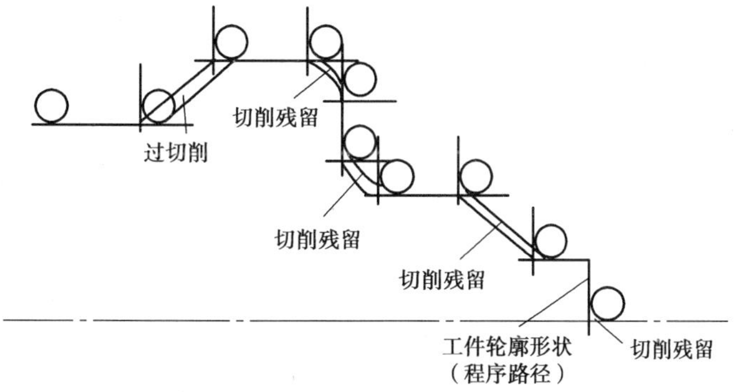

图 2.8.4 过切削、欠切削现象

3）刀具半径补偿指令

（1）指令格式

G41 G00（G01）X ＿ Z ＿ F ＿；

G42 G00（G01）X ＿ Z ＿ F ＿；

G40 G00（G01）X ＿ Z ＿ F ＿；

（2）运动轨迹

G41 为刀具半径左补偿，即沿刀具运动方向看，刀具位于工件左侧时的补偿，如图 2.8.5 所示。

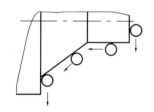

图 2.8.5 刀具半径左补偿方向

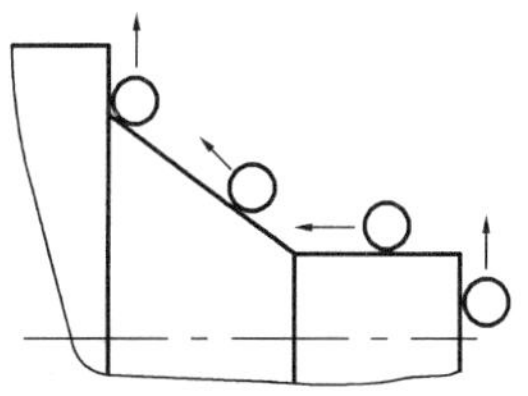

图 2.8.6 刀具半径右补偿方向

G42 为刀具半径右补偿，即沿刀具运动方向看，刀具位于工件右侧时的补偿，如图 2.8.6 所示。G40 刀具半径左补偿取消，即使用该指令后，G41、G42 指令无效。

（3）注意的问题

①刀具半径补偿的加入：刀补程序段内必须有 G00 或 G01 功能才有效。不能在 G02、G03 圆弧轨迹程序行上实施。而且补偿必须在一个程序段的执行过程中完成，不能省略。图 2.8.7描述了刀具半径补偿的加入过程。

②刀具半径补偿的执行：G41、G42 指令不能重复规定使用，即在前面使用了 G41 或 G42 指令之后，不能再使用 G41 或 G42 指令，否则会产生一种特殊的补偿。

③刀具半径补偿的取消：在 G41、G42 程序后面，加入 G40 程序段即是刀具半径补偿的取消。图 2.8.8 所示描述了刀具半径补偿取消的过程。G40 程序段执行前，刀尖圆弧中心停留在前一程序段终点的垂直位置上，G40 程序段是刀具由终点退出的动作。

④G40、G41、G42 都是模态代码，可相互注销。

⑤G41/G42 不带参数，其补偿号（代表所用刀具对应的刀尖半径补偿值）由 T 代码指定，其刀尖圆弧补偿号与刀具偏置补偿号对应。

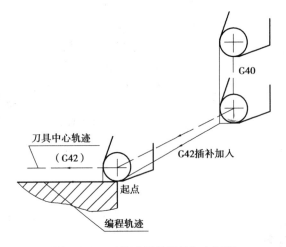

图 2.8.7 刀具半径补偿的加入过程

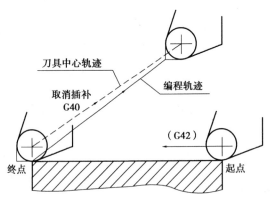

图 2.8.8 刀具半径补偿取消的过程

⑥工件有锥度、圆弧时,必须在精车的前一程序段建立刀具半径补偿,一般在靠近工件时的程序段建立半径补偿。

⑦必须在刀具补偿表中输入该刀具的刀尖半径值,作为刀尖半径补偿的依据。

⑧必须在刀具补偿表中输入该刀具的刀尖方位号,作为刀尖半径补正的依据。车刀刀尖的方向号定义了刀具刀位点与刀尖圆弧中心的位置关系。车刀的刀尖方位号,如图 2.8.9 所示。分别用参数 0~9 表示,A 点为理论刀尖点。

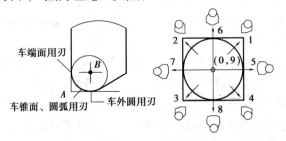

图 2.8.9 车刀的位置参数

⑨在 G71~G73 指令中,P 点和 Q 点之间不应包括刀具半径补偿,而应在循环前编写刀尖半径补偿,通常在趋近起点的运动中。

4)刀具补偿量的设定

对应每个刀具补偿号,都有一组偏置量 X、Z,刀具半径补偿量 R 和刀尖方位号 T。刀补指令用 T 代码表示。常用 T 代码格式为:T xx xx,即 T 后可跟 4 位数,其中前两位表示刀具号,后两位表示刀具补偿号。当补偿号为 0 或 00 时,表示不进行补偿或取消刀具补偿。若设定刀具几何补偿和磨损补偿同时有效时,刀补量是两者的矢量和。当系统执行到含 T 代码的程序指令时,仅仅是从中取得了刀具补偿的寄存器地址号(其中包括刀具几何位置补偿和刀具半径大小),此时并不会开始实施刀尖半径补偿。只有在程序中遇到 G41、G42 指令时,才开始从刀库中提取数据并实施相应的刀径补偿。即如果程序中没有 G41 和 G42,刀具补偿中只有刀具几何位置补偿和磨损补偿。

5)外圆/内孔粗车复合循环 G71

该指令适用于用圆柱棒料粗车阶梯轴的外圆或内孔需切除较多余量时的情况。

(1)指令格式

G71 U(Δd)R(e)

G71 P(n_s)Q(n_f)U(Δu)W(Δw)F(Δf)S(Δs)T(t)

指令中各项之意义说明如下:

Δd:背吃刀量,是半径值,且为正值;

e:退刀量;

n_s:精车开始程序段的程序段号;

n_f:精车结束程序段的程序段号;

Δu:X 轴方向精加工余量,是直径值;

Δw:Z 轴方向精加工余量;

Δf:粗车时的进给量;

Δs:粗车时的主轴速度;

T:精车时所用的刀具。

(2)指令轨迹

G71 指令的刀具循环路径如图 2.8.10 所示。在使用 G71 指令时,CNC 装置会自动计算出粗车的加工路径控制刀具完成粗车,且最后会沿着粗车轮廓 A'B' 车削一刀,再退回至循环起点 C 完成粗车循环。

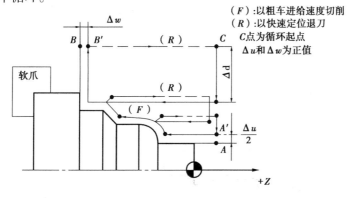

图 2.8.10 G71 车削轨迹

（3）指令作用

该指令适用于毛坯料的粗车外径与粗车内径，主要适用于切除棒料毛坯的大部分加工余量。

（4）注意事项

①G71 指令必须带有 P、Q 地址 ns、nf，且与精加工路径起、止顺序号对应，否则不能进行该循环加工。

②ns 的程序段必须为 G00/G01 指令，即从循环起点 C 到 A 点的动作必须是直线或点定位运动。

③在顺序号为 ns 到顺序号为 nf 的程序段中，不应包含子程序。

④粗加工时，G71 中编程的 F、S、T 有效，而精加工时处于 ns 到 nf 程序段之间的 F、S、T 有效。

⑤车削的路径必须是单调增大或单调减小，即不可有内凹的轮廓外形。

⑥由循环起点 C 到 A 点的只能用 G00 或 G01 指令，且不可有 Z 轴方向移动指令。（请参考例 O4010 程序）。

⑦当使用 G71 指令粗车内孔轮廓时，须注意 Δu 为负值。

6）精加工循环指令 G70

（1）指令格式

G70 P（n_s）Q（n_f）

n_s：开始精车程序段号；

n_f：完成精车程序段号。

（2）注意事项

①精车过程中的 F、S 在程序段号 n_s 至 n_f 间指定。

②在 n_s 至 n_f 间精车的程序段中，不能调用子程序。

③必须先使用 G71、G72 或 G73 指令后，才可使用 G70 指令。

④精车时的 S 也可以于 G70 指令前，在换精车刀时同时指定（如前一个程序）。

⑤在车削循环期间，刀尖半径补偿功能有效。

7）零件工艺分析

（1）零件几何特点

该零件由外圆柱面、槽和球面组成，其几何形状为圆柱形的轴类零件，零件只要求径向尺寸精度为 ±0.02，表面粗糙度为 3.2 μm，需采用粗、精加工。

（2）加工工序

采用毛坯为 φ40 的棒料，材料为 45#钢，外形没加工。根据零件图样要求其加工工序为：

①建立工件坐标系，并输入刀补值。

②平端面，选用90°外圆车刀，可采用 G94 指令。

③外圆柱面与球面粗车，选用90°外圆车刀，可采用 G71 指令。

④外圆柱面与球面精车，选用90°外圆车刀，可采用 G70 指令。

⑤切槽加工，采用刀宽为 4 mm 的切断刀。

⑥切断，采用刀宽为 4 mm 的切断刀。

8) 各工序刀具及切削参数选择

表 2.8.1 刀具及切削参数

| 序号 | 加工面 | 刀具号 | 刀具规格 | | 主轴转速 $n/(\mathrm{r\cdot min^{-1}})$ | 进给速度 $V/(\mathrm{mm\cdot min^{-1}})$ |
			类型	材料		
1	端面	T01	90°外圆车刀		500	60
2	外圆柱面与球面粗车	T01	90°外圆车刀	硬质合金	500	100
3	外圆柱面与球面精车	T02	90°外圆车刀		1 000	40
4	外径槽	T03	切断刀(刀宽 4 mm)		400	40
5	切断	T03	切断刀(刀宽 4 mm)		400	40

9) 加工过程

表 2.8.2 加工过程

序号	工 步	工步图	说 明
1	切端面		用 G00、G01 车削
2	建立工件坐标系		在右端面建立工件坐标系
3	外圆轮廓粗车		用 G71 车削 直径方向留 0.5 mm 精车余量
4	外圆轮廓精车		用 G70 车削 F40 mm/min S1000 r/min
5	切槽		切槽刀 宽度 4 mm
6	切断		用 G01 指令切

10) **参考程序**

表 2.8.3　程序

程序号	O0035	
程序段号	程序段内容	注　释
N01	T0101;	选择1#刀,1#刀补,设置工件零点
N05	G98;	设定进给速度单位
N10	M03 S500;	主轴正转
N15	G00 X45. Z0;	刀具快速移至右端面工件外侧点
N20	G01 X0. F100;	切削右端面
N25	Z2.;	退刀
N30	G00 G41 X45. Z2;	刀具快速移至粗车循环点
N35	G71 U1.5 R1.;	定义车削循环
N40	G73 P45 Q90 U0.5 W0 F100;	
N45	G00 X0.;	切削起点 A 点的 X 坐标
N50	G01 Z0;	
N55	G03 X20 W-10 R10;	逆圆加工
N60	G01 Z-25;	外圆切削
N65	X24;	外圆切削
N70	X30 Z-38	定位
N75	Z-50;	外圆切削
N80	X35;.	圆弧切削
N85	Z-74;	外圆切削
N90	X40	定位
N100	G40 G00 X100. Z100.;	刀具返回换刀点
N105	M00;	程序暂停
N110	T0202	选择2#刀,2#刀补
N115	M03 S1000;	主轴正转
N120	G00 G41 X85. Z2.;	循环加工起刀点定位
N125	G70 P45 Q90;	精加工
N130	G00 G40 X100. Z100.;	刀具返回换刀点
N135	M00;	程序暂停
N140	T0303;	换第三把刀
N145	M03 S500;	主轴正转

程序号	O0035	
程序段号	程序段内容	注　释
N150	G00 Z-254. ;	刀具移到起刀点
N155	G00 X85. ;	
N160	G01 X60. F60;	进行切断
N165	X40. F40;	
N170	X20. F20;	
N175	X-1. ;	
N180	G00 X100. ;	退刀
N185	Z100. ;	
N190	M05;	主轴停转
N195	M30;	程序结束

二、操作演示

①刀具的安装;

②刀补值的建立;

③量具的使用。

三、操作训练

指导学生在 MDI 方式下输入转速值、建立工件坐标系,指导学生进行程序的建立、编辑、修改、存储与删除及工艺的制订。在加工一定尺寸后测量其精度,指导学生利用修改刀补设置,校正尺寸。

(1)程序调试与零件的试切

①将程序输入数控装置中,让车床空运行,以检查程序是否正确。

②在有 CRT 图形显示的数控车床上模拟运行,以检查刀具与工件之间是否干涉和有过多的空行程。

③零件的首件试切。当发现有加工误差时,分析误差产生的原因,找出问题所在,加以修正。

(2)注意事项

①换刀时不要与工件产生撞击。

②切槽时注意进给速度不要太快。

③切槽到达底部时,若对槽的表面质量有要求,一定要在槽底暂停几秒钟。

④精车与粗车加工进给速度与转速的改变。

四、实训小结

本次课主要是操作机床加工外圆、球、槽,练习 G71、G70、G75 指令的运用;重点掌握球面加工的方法和 G75 的运用。

五、课后作业

①总结归纳外圆与端面轮廓车削加工中所出现的问题和解决办法。

②如何选择外圆加工时的切削用量?

③考虑保证零件加工精度和表面粗糙度要求应采取的措施。

任务二　G73 指令编程加工

【教学目标】

- 掌握轮廓粗车指令的应用方法;
- 掌握复杂轴类零件的加工工艺;
- 掌握数控车床刀补的建立及使用;
- 掌握准备功能指令 G73 的使用;
- 掌握加工刀具及加工参数的合理确定。

【教学难点】

- 对概念的掌握,特别是工件坐标原点和机床原点等概念;
- 工件坐标系的用途和使用方法;
- 复杂轴类零件的加工工艺;
- 刀具进刀路线及退刀路线的设定。

一、讲解内容

1. 工作任务

加工如图 2.8.11 所示零件。

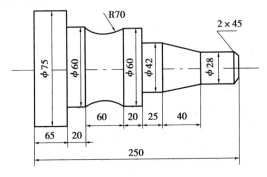

图 2.8.11　零件 9

2. 编程指令

1) 轮廓粗车循环指令 G73

(1) 指令格式

G73 U(i) W(k) R(d);

　G73 P(ns) Q(nf) U(Δu) W(Δw) F(f) S_ T_;

　　　N(ns)···········

　　　　　　　F

　　　　　　　S

T

N(nf)…………．

指令含义：

i：表示 X 轴退刀方向及距离(半径指定)；

k：表示 Z 轴退刀方向及距离；

d：表示切割次数；

f：表示进给量；

ns：表示精加工形状程序段群第一个程序段的顺序号；

nf：表示精加工形状程序段群最后一个程序段的顺序号；

Δu：X 轴方向精加工余量的距离及方向；

Δw：Z 轴方向精加工余量的距离及方向。

F、S、T：在 G73 循环中，顺序号 ns ~ nf 之间程序段中的 F、S、T 功能都无效。但是在 G70 循环中有效。

（2）运动轨迹

执行 G73 功能时，每一刀的切削路线的轨迹形状是相同的，只是位置不同。每走完一刀，就把切削轨迹向工件移动一个位置，这样就可以将锻件待加工表面分布较均匀的切削余量分层切去。其走刀路线如图 2.8.12 所示。

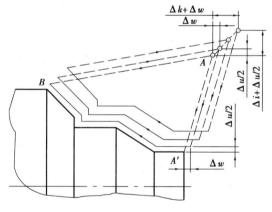

图 2.8.12 G73 指令运动轨迹

（3）指令作用

G73 指令适用于加工具有一定轮廓形状的铸、锻件等毛坯的工件，即可以加工在 X 或 Z 方向上尺寸不是单调增大或减小的工件。

（4）注意事项

①精加工程序段里只能有 G00、G01、G02、G03 等指令。

②第一段可同时出现 X.Z。

③最多可有 15 个精加工程序段。

2)零件工艺分析

（1）零件几何特点

该零件由外圆柱面、槽和球面组成，其几何形状为圆柱形的轴类零件，需采用粗、精加工。

（2）加工工序

采用毛坯为 φ80 的棒料，材料为 45#钢，外形没加工。根据零件图样要求，其加工工序为：

①建立工件坐标系,并输入刀补值。

②平端面,选用90°外圆车刀,可采用 G94 指令。

③外圆柱面与球面粗车,选用90°外圆车刀,可采用 G71 指令。

④外圆柱面与球面精车,选用90°外圆车刀,可采用 G70 指令。

⑤切断,采用刀宽为 4 mm 的切断刀。

(3)各工序刀具及切削参数选择

表2.8.4　刀具及切削参数

序号	加工面	刀具号	刀具规格		主轴转速 $n/(\text{r} \cdot \text{min}^{-1})$	进给速度 $V/(\text{mm} \cdot \text{min}^{-1})$
			类型	材料		
1	端面	T01	90°外圆车刀		500	60
2	外圆柱面与球面粗车	T01	90°外圆车刀		500	100
3	外圆柱面与球面精车	T02	90°外圆车刀	硬质合金	1 000	40
4	切断	T03	切断刀（刀宽 4 mm）		400	40

(4)加工过程

表2.8.5　加工过程

序号	工　步	工步图	说　明
1	切端面		用 G00、G01 车削
2	建立工件坐标系		在右端面建立工件坐标系
3	外圆轮廓粗车		用 G73 车削 直径方向留 0.5 mm 精车余量
4	外圆轮廓精车		用 G70 车削 F40 mm/min S1 000 r/min
5	切断		用 G01 指令

（5）加工程序

表2.8.6 程序

程序号	O0035	
程序段号	程序段内容	注 释
N01	T0101；	选择1#刀,1#刀补,设置工件零点
N05	G98；	设定进给速度单位
N10	M03 S500；	主轴正转
N15	G00 X85.Z0 ；	刀具快速移至右端面工件外侧点
N20	G01 X0.F100；	切削右端面
N25	Z2.；	退刀
N30	G00 G41 X85.Z2 ；	刀具快速移至粗车循环点
N35	G73 U26.W0 R26.；	定义车削循环
N40	G73 P45 Q95 U0.5 W0 F100；	
N45	G00 X24.；	切削起点A点的X坐标
N50	G01 X28.Z-1.；	切倒角
N55	Z-20.；	切削外圆
N60	G01 X42.W-40.；	外圆切削
N65	W-25.0；	外圆切削
N70	G01 X60.；	定位
N75	G01 W-20.；	外圆切削
N80	G03 X60.Z-145.R70.；	圆弧切削
N85	G01 W-20.；	外圆切削
N90	G01 X75.；	定位
N95	W-65.；	外圆切削
N100	G40 G00 X100.Z100.；	刀具返回换刀点
N105	M00；	程序暂停
N110	T0202	选择2#刀,2#刀补
N115	M03 S1000；	主轴正转
N120	G00 G41 X85.Z2.；	循环加工起刀点定位
N125	G70 P45 Q95；	精加工
N130	G00 G40 X100.Z100.；	刀具返回换刀点
N135	M00；	程序暂停
N140	T0303；	换第三把刀
N145	M03 S500；	主轴正转

续表

程序号	OO035	
程序段号	程 序 段 内 容	注　释
N150	G00 Z-254. ；	刀具移到起刀点
N155	G00 X85. ；	
N160	G01 X60. F60；	进行切断
N165	X40. F40；	
N170	X20. F20；	
N175	X-1. ；	
N180	G00 X100. ；	退刀
N185	Z100. ；	
N190	M05；	主轴停转
N195	M30；	程序结束

二、操作演示

①刀具的安装。

②刀补值的建立。

③量具的使用。

三、操作训练

指导学生在 MDI 方式下输入转速值、建立工件坐标系；指导学生进行程序的建立、编辑、修改、存储与删除及工艺的制订。在加工一定尺寸后测量其精度，指导学生利用修改刀补设置，校正尺寸。

（1）程序调试与零件的试切

①将程序输入数控装置中，让车床空运行，以检查程序是否正确。

②在有 CRT 图形显示的数控车床上模拟运行，以检查刀具与工件之间是否干涉和有过多的空行程。

③零件的首件试切。当发现有加工误差时，分析误差产生的原因，找出问题所在，加以修正。

（2）注意事项

①换刀时不要与工件产生撞击。

②切槽时注意进给速度不要太快。

③切槽到达底部时，槽底的表面质量有要求时，一定要在槽底暂停几秒钟。

④精车与粗车的加工进给速度与转速的改变。

四、实训小结

本次课主要是操作车床加工外圆，练习 G73、G70 指令的运用。

五、课后作业

①总结归纳外圆与端面轮廓车削加工中所出现的问题和解决办法。

②如何选择外圆加工时的切削用量？

③考虑保证零件加工精度和表面粗糙度要求应采取的措施。

项目九　复杂轴类零件编程加工

任务一　G72 指令编程加工

【教学目标】
- 掌握轮廓粗车指令的应用方法;
- 掌握复杂轴类零件的加工工艺;
- 掌握数控车床刀补的建立及使用;
- 掌握准备功能指令的使用;
- 掌握加工刀具及加工参数的合理确定。

【教学难点】
- 对概念的掌握,特别是工件坐标原点和机床原点等概念;
- 工件坐标系的用途和使用方法;
- 复杂轴类零件的加工工艺;
- 刀具进刀路线及退刀路线的设定。

一、讲解内容

1. 工作任务

加工图 2.9.1 所示零件。

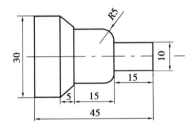

图 2.9.1　零件 10

2. 编程指令

1) 端面粗车复合循环指令 G72

(1) 指令格式

G72 W(Δd) R(e);

G72 P(ns) Q(nf) U(Δu) W(Δw) F __ S __ T __;

其中各参数意义如下:

W(Δd):表示 Z 轴方向每次循环进刀量,W < 刀宽;

R(e):表示 X 轴方向每次循环退刀量;

U(Δu) W(Δw):表示 X 轴、Z 轴方向的精加工余量,有方向性。

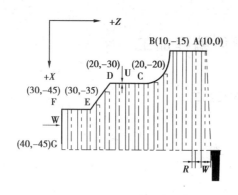

图 2.9.2　G72 指令运动轨迹

（2）运动轨迹

G72 指令运动轨迹如图 2.9.2 所示。

（3）指令作用

G72 指令用于直径较大零件粗车加工。

（4）注意事项

①只能加工 X 轴、Z 轴单调增加或单调减小的工件。

②精车轨迹程序第一段只能含 Z，不能有 X；精车程序只能使用 G00、G01、G02、G03 等指令。

③最多可有 15 个精加工程序段。

2）零件工艺分析

（1）零件几何特点

该零件由外圆柱面、圆锥面、圆弧面组成，其几何形状为圆柱形的轴类零件，零件只要求径向尺寸精度为未注公差，需采用粗加工。

（2）加工工序

采用毛坯为 ϕ35 的棒料，材料为 45#钢，外形没加工。根据零件图样要求其加工工序为：

①建立工件坐标系，并输入刀补值。坐标系如图 2.9.3 所示。

②平端面，选用 90°外圆车刀，可采用 G94 指令。

③外圆柱面粗车，选用 90°外圆车刀，可采用 G72 指令。

④切断，采用刀宽为 4 mm 的切断刀。

（3）各工序刀具及切削参数选择

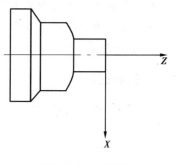

图 2.9.3　坐标系

表 2.9.1　刀具及切削参数

序号	加工面	刀具号	刀具规格		主轴转速	进给速度
			类型	材料	$n/(r \cdot min^{-1})$	$V/(mm \cdot min^{-1})$
1	端面	T01	90°外圆车刀	硬质合金	500	60
2	外圆柱面粗车	T02	切断刀（刀宽 4 mm）		500	100
3	切断	T02	切断刀（刀宽 4 mm）		400	40

（4）加工过程

表 2.9.2　加工过程

序号	工　步	工步图	说　明
1	切端面		用 G01 车削

续表

序号	工　步	工步图	说　明
2	建立工件坐标系		在右端面 建立工件坐标系
3	外圆轮廓粗车		用 G72 车削 直径方向留 0.5 mm 精车余量
4	切断		用 G75 指令切断

（5）参考程序

表 2.9.3　程序

程序号	O0035	
程序段号	程序段内容	注　释
N01	T0101 ;	选择 1#刀,1#刀补,设置工件零点
N05	G98 ;	设定进给速度单位
N10	M03 S500 ;	主轴正转
N15	G00 X40.Z0 ;	刀具快速移至右端面工件外侧点
N20	G01 X0.F100 ;	切削右端面
N25	Z2. ;	退刀
N30	X40.	刀具快速移至粗车循环点
N35	G72 W2.R1. ;	定义车削循环
N40	G72 P1Q2 U0.3W0 F80 ;	
N1	G01 Z-45. ;	Z 向定位
	X30. ;	
	Z-35. ;	
	G01 X20.Z-30. ;	
	Z-20. ;	
	G02 X10.Z-15.R5. ;	
N2	G01 X10.Z0 ;	

续表

程序号	O0035	
程序段号	程序段内容	注　释
N45	G70 P1 Q2	
N50	G00 X100. Z100. ;	
N60	M05 ;	
N70	M30 ;	

二、操作演示

①刀具的安装。

②刀补值的建立。

③量具的使用。

三、操作训练

指导学生在 MDI 方式下输入转速值、建立工件坐标系;指导学生进行程序的建立、编辑、修改、存储与删除及工艺的制订。在加工一定尺寸后测量其精度,指导学生利用修改刀补设置,校正尺寸。

(1)程序调试与零件的试切

①将程序输入数控装置中,让车床空运行,以检查程序是否正确。

②在有 CRT 图形显示的数控车床上模拟运行,以检查刀具与工件之间是否干涉和有过多的空行程。

③零件的首件试切。当发现有加工误差时,分析误差产生的原因,找出问题所在,加以修正。

(2)注意事项

①换刀时不要与工件产生撞击。

②切槽时注意进给速度不要太快。

③精车与粗车的加工进给速度与转速的改变。

四、实训小结

本次课主要是操作车床加工外圆加工,练习 G72 指令的运用。

五、课后作业

①总结归纳外圆与端面轮廓车削加工中所出现的问题和解决办法。

②如何选择外圆加工时的切削用量?

③考虑保证零件加工精度和表面粗糙度要求应采取的措施。

任务二　G75 指令编程加工

【教学目标】

● 掌握轮廓粗车指令的应用方法;

● 掌握复杂轴类零件的加工工艺;

● 掌握数控车床刀补的建立及使用;

● 掌握准备功能指令 G75 的使用;
● 掌握加工刀具及加工参数的合理确定。

【教学难点】

● 对概念的掌握,特别是工件坐标原点和车床原点等概念;
● 工件坐标系的用途和使用方法;
● 复杂轴类零件的加工工艺;
● 刀具进刀路线及退刀路线的设定。

一、讲解内容

1. 工作任务

加工如图 2.9.4 所示零件。

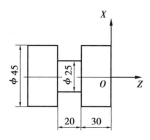

图 2.9.4　零件 11

2. 编程指令 G75

(1)指令格式

G75 R(e)

G75 X(U) z(w) P(Δi) Q(Δk) R(Δd) F

指令含义:

R(e):每次径向(X 轴)进刀后的径向退刀量,取值范围为 0 ~ 99.999(单位:mm),无符号。

R(e)执行后指令值保持有效,并把系统参数 NO.056 的值修改为 e × 1 000(单位:0.001 mm)。未输入 R(e)时,以系统参数 NO.056 的值作为径向退刀量。

X:切削终点 Bf 的 X 轴绝对坐标值(单位:mm)。

U:切削终点 Bf 与起点 A 的 X 轴绝对坐标的差值(单位:mm)。

Z:切削终点 Bf 的 Z 轴的绝对坐标值(单位:mm)。

W:切削终点 Bf 与起点 A 的 Z 轴绝对坐标的差值(单位:mm)。

P(Δi):径向(X 轴)进刀时,X 轴断续进刀的进刀量,取值范围为 0 ~ 9 999 999(单位:0.001 mm,半径值),无符号。

Q(Δk):单次径向切削循环的轴向(Z 轴)进刀量,取值范围为 0 ~ 99 999(单位:0.001 mm),无符号。

R(Δd):切削至径向切削终点后,轴向(Z 轴)的退刀量,取值范围为 0 ~ 99.999(单位:mm),无符号。

省略 R(Δd)时,系统默认径向切削终点后,轴向(Z 轴)的退刀量为 0。

省略 Z(W)和 Q(Δk),默认往正方向退刀。

(2)运动轨迹

G75 指令运动轨迹如图 2.9.5 所示。

(3)指令作用

G75 指令可进行沟槽加工和切断加工,如图 2.9.5 所示的动作。在此循环中,可以进行沟槽加工和切断加工(省略 Z、W、K)。

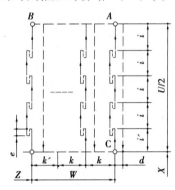

图 2.9.5 G75 指令运动轨迹

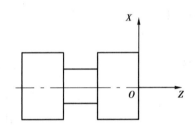

图 2.9.6 坐标系

3.零件工艺分析

(1)零件几何特点

该零件由外圆柱面、槽组成,其几何形状为圆柱形的轴类零件,零件只要求径向尺寸精度为未注公差,采用粗加工。

(2)加工工序

毛坯为 $\phi50$ 的棒料,材料为 45#钢,外形没加工。根据零件图样要求其加工工序为:

①建立工件坐标系,并输入刀补值。坐标系如图 2.9.6 所示。

②平端面,选用 90°外圆车刀,可采用 G94 指令。

③外圆柱面粗车,选用 90°外圆车刀,可采用 G71 指令。

④切槽加工,采用刀宽为 3 mm 的切断刀,G75 指令。

⑤切断,采用刀宽为 3 mm 的切断刀。

(3)各工序刀具及切削参数选择

表 2.9.4 刀具及切削参数

序号	加工面	刀具号	刀具规格		主轴转速 $n/(\text{r}\cdot\text{min}^{-1})$	进给速度 $V/(\text{mm}\cdot\text{min}^{-1})$
			类型	材料		
1	端面	T01	90°外圆车刀	硬质合金	500	60
2	外圆柱面粗车	T01	90°外圆车刀		500	100
4	外径槽	T02	切断刀(刀宽 3 mm)		400	40
5	切断	T02	切断刀(刀宽 3 mm)		400	40

（4）加工过程

表 2.9.5　加工过程

序号	工　步	工步图	说　明
1	切端面		用 G00、G01 车削
2	建立工件坐标系		在右端面 建立工件坐标系
3	外圆轮廓粗车		用 G71 车削
4	切槽		用 G75 指令切
5	切断		G01

（5）参考程序

表 2.9.6　程序

程序号	O0013	
程序段号	程序段内容	注　释
N01	T0202；	换 2 号刀
N05	M03 S600；	启动主轴
N10	G00 X55.0 Z-34.0；；	刀具加工定位
N20	G01 X25.F60；	切一个刀宽
N25	G01 X55.	起刀点

续表

程序号	O0013	
程序段号	程序段内容	注　释
N30	G75 R2.	切削循环
N35	G75 X25. Z-50. P5000 Q3000 F50;	
N40	G00 X100.0 Z100.0;	退刀
N45	M05;	主轴停
N50	M30;	程序结束

二、操作演示

①刀具的安装。

②刀补值的建立。

③量具的使用。

三、操作训练

指导学生在 MDI 方式下输入转速值、建立工件坐标系；指导学生进行程序的建立、编辑、修改、存储与删除及工艺的制订。在加工一定尺寸后测量其精度，指导学生利用修改刀补设置，校正尺寸。

（1）程序调试与零件的试切

①将程序输入数控装置中，让车床空运行，以检查程序是否正确。

②在有 CRT 图形显示的数控车床上模拟运行，以检查刀具与工件之间是否干涉和有过多的空行程。

③零件的首件试切。当发现有加工误差时，分析误差产生的原因，找出问题所在，加以修正。

（2）注意事项

①换刀时不要与工件产生撞击。

②切槽时注意进给速度不要太快。

③切槽到达底部时，槽底的表面质量有要求时，一定要在槽底暂停几秒钟。

④精车与粗车的加工进给速度与转速的改变。

四、实训小结

本次课主要是操作车床加工槽，练习 G75 指令的运用；重点掌握宽槽的加工方法。

五、课后作业

①总结归纳宽槽的加工方法。

②加工中如何选择外圆加工时的切削用量？

③考虑保证零件加工精度和表面粗糙度要求应采取的措施。

项目十　复杂轴类零件编程加工

任务一　G74 指令编程加工

【教学目标】
- 掌握轮廓粗车指令的应用方法;
- 掌握复杂轴类零件的加工工艺;
- 掌握数控车床刀补的建立及使用;
- 掌握准备功能指令 G75 的使用;
- 掌握加工刀具及加工参数的合理确定。

【教学难点】
- 对概念的掌握,特别是工件坐标原点和车床原点等概念;
- 工件坐标系的用途和使用方法;
- 复杂轴类零件的加工工艺;
- 刀具进刀路线及退刀路线的设定。

一、讲解内容

1. 工作任务

编制如图 2.10.1 所示零件的数控程序并加工。

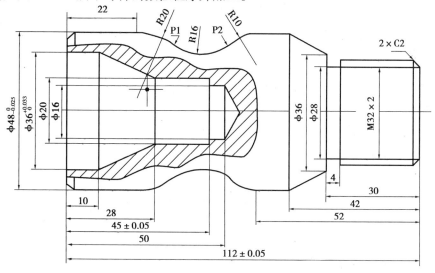

图 2.10.1　零件 12

2. 讲解内容

1) 钻孔循环指令 G74

（1）指令格式

G74 R(e)

G74 X(U)Z(W)Q(Δk)R(Δd)F

指令说明：

e:退刀量；

X:B 点的 X 坐标值；

U:由 A 至 B 的增量坐标值；

Z:C 点的 Z 坐标值；

W:由 A 至 C 的增量坐标值；

Δi:X 轴方向移动量,无正负号；

ΔK:Z 轴方向移动量,无正负号；

Δd:在切削底部刀具退回量；无要求时可省略。

F:进给速度。

(2)指令轨迹

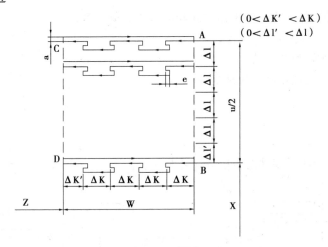

图 2.10.2　G74 加工轨迹

(3)指令功能

G74 指令用于钻孔加工。

2)零件工艺分析

(1)零件几何特点

该零件由外圆柱面、槽组成,其几何形状为圆柱形的轴类零件,零件只要求径向尺寸精度为未注公差,采用粗加工。

(2)加工工序

采用毛坯为 φ50 的棒料,材料为 45#钢,外形没加工。根据零件图样要求其加工工序为：

①建立工件坐标系,并输入刀补值。

②平端面,选用 90°外圆车刀,可采用 G01 指令。

③外圆柱面粗车,选用 90°外圆车刀,可采用 G90 指令。

④钻孔,φ15 钻头,G74 指令。

⑤切断,采用刀宽为 3 mm 的切断刀。

（3）各工序刀具及切削参数选择

表 2.10.1　刀具及切削参数

| 序号 | 加工面 | 刀具号 | 刀具规格 | | 主轴转速 $n/(\text{r} \cdot \text{min}^{-1})$ | 进给速度 $V/(\text{mm} \cdot \text{min}^{-1})$ |
			类型	材料		
1	端面	T01	90°外圆车刀	硬质合金	500	60
2	外圆柱面粗车	T01	90°外圆车刀		500	100
3	外径槽	T02	ϕ15 钻头		400	40
4	切断	T03	切断刀（刀宽 3 mm）		400	40

（4）加工过程

表 2.10.2　加工过程

序号	工　步	工步图	说　明
1	切端面		用 G00、G01 车削
2	建立工件坐标系		在右端面建立工件坐标系
3	外圆轮廓粗车		用 G71 车削
4	钻孔		用 G75 指令切断
5	切断		G01

（5）参考程序

表 2.10.3　程序

O4006	
T0101	（以端面中心为工件原点）中心钻
M03S1000；	
G00X0Z2. M08	
G01Z-5. F0. 1	
G00Z50.	
T0202	ϕ15 钻头
G74R0. 5	钻孔循环
G74X0Z-55. Q3. R0. 5F0. 15	钻孔循环
G00Z50.	
M05M09	
M30	

二、操作演示

①刀具的安装。

②刀补值的建立。

③量具的使用。

三、操作训练

指导学生在 MDI 方式下输入转速值、建立工件坐标系；指导学生进行程序的建立、编辑、修改、存储与删除及工艺的制订。在加工一定尺寸后测量其精度，指导学生利用修改刀补设置，校正尺寸。

（1）程序调试与零件的试切

①将程序输入数控装置中，让车床空运行，以检查程序是否正确。

②在有 CRT 图形显示的数控车床上模拟运行，以检查刀具与工件之间是否干涉和有过多的空行程。

③零件的首件试切。当发现有加工误差时，分析误差产生的原因，找出问题所在，加以修正。

（2）注意事项

①换刀时不要与工件产生撞击。

②切槽时注意进给速度不要太快。

③切槽到达底部时，若对槽的表面质量有要求，一定要在槽底暂停几秒钟。

④精车与粗车的加工进给速度与转速的改变。

四、实训小结

本次课主要是操作车床加工槽,练习 G75 指令的运用;重点掌握宽槽的加工方法。

五、课后作业

①总结归纳端面钻孔的加工方法。

②考虑保证零件加工精度和表面粗糙度要求应采取的措施。

任务二　G76 螺纹指令编程加工

【教学目标】

● 掌握螺纹类零件的加工程序编写方法;

● 掌握螺纹类零件加工中的工艺安排。

【教学难点】

● 螺纹类零件加工程序中余量方向的确定;

● 螺纹类工件程序起刀点的确定;

● 加工过程中进刀和退刀路线的确定。

一、讲解内容

1. 工作任务

加工如图 2.10.4 所示零件。

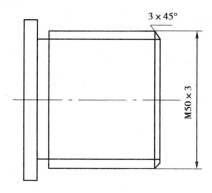

图 2.10.4　零件 13

2. 螺纹切削复合循环 G76

1) G76 指令格式与用法

(1)指令格式

G76 P(m)(r)(a)Q(Δdmin)R(d)

G76 X(U)Z(W)R(i)P(k) Q(Δd)F(f);

m:精整次数(取值 01 ~ 99);

r:倒角量,从 00 ~ 99 中选取;

a:牙型角(取 80°,60°,55°,30°,29°,0°)通常为 60°;

U、W:绝对编程时为螺纹小径终点的坐标值;相对编程时,为螺纹终点相对于循环起点 A 的有向距离;

i:锥螺纹的起点与终点的半径差;

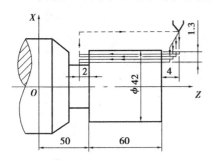

k:螺纹牙型高度(半径值);

d:精加工余量 ;

Δd :第一次切削深度(半径值);

f:螺纹导程(螺距)。

(2)运动轨迹

G76 指令的运动轨迹与 G71 指令相似,如图 2.10.5所示。

图 2.10.5 G76 指令的运动轨迹

(3)指令作用

G76 是加工各类螺纹使用的复合循环指令。G76 指令的进刀方式与其他螺纹切削方式的进刀不同。G76 采用斜进式切削方法,螺纹刀以斜进的方式进行螺纹切削,由于为单侧刃加工,加工中刀刃容易损伤和磨损,使加工的螺纹面不直;刀尖角发生变化,从而造成牙形精度较差。但其为单侧刃工作,刀具负载较小,排屑容易,并且切削深度为递减式。因此,此加工方法一般适用于螺距大于 3 mm 的螺纹加工。由于此加工方法排屑容易,刀刃加工工况好,所以在螺纹精度要求不高的情况下,此加工方法更为方便。

(4)注意事项

①由于主轴转速发生变化有可能切出不正确的螺距,因此,在螺纹切削过程中不要使用恒表面切削速度指令 G96。

②在螺纹切削其间进给倍率无效(固定为 100%),主轴倍率固定在 100% 。

③在螺纹切削程序段的前一程序段中不能指定倒角或倒圆。

④在螺纹切削前,刀具起始位置必须位于大于螺纹直径的位置,锥螺纹按大头直径计算,否则会出现扎刀现象。

2)工艺分析

(1)零件几何特点

零件加工面主要为端面、槽、螺纹的加工。

(2)加工工序

根据零件结构选用毛坯为 φ25 mm×90 的棒料,工件材料为 45#钢。选用普通数控车床即可达到要求。加工工序如下:

①平端面。

②外圆粗车循环切削。

③切槽。

④切螺纹。

（3）各工序刀具及切削参数选择

表 2.10.4　刀具及切削参数

序号	加工面	刀具号	刀具规格		主轴转速	进给速度
			类型	材料	$n/(\text{r} \cdot \text{min}^{-1})$	$V/(\text{mm} \cdot \text{min}^{-1})$
1	端面车削	T01	90°外圆车刀具	硬质合金	500	50
2	外圆粗加工	T01	90°外圆车刀具		500	100
3	切槽	T02	切断刀		500	50
4	车削螺纹	T03	螺纹刀		400	30
5	切断	T02	切断刀		500	30

（4）加工过程

表 2.10.5　加工过程

工步	工步内容	工步图	说　明
1	端面切削		用 G01 进行
2	外圆粗车切削		用 G90 进行
3	切槽		切断刀宽 3 mm 用 G01 进行 达到尺寸要求
4	切螺纹		用 G76 加工

3. 参考程序

1) 确定工件坐标系和对刀点(图 2.10.6)

G76 指令编程,精加工重复 2 次,倒角长度为 3 mm,刀尖角度为 60°,最小背吃刀时为 0.1 mm ,精加工余量为 0.2 mm。直螺纹牙高1.95 mm,第一刀的背吃刀量为 1.2 mm,螺距为 3 mm。

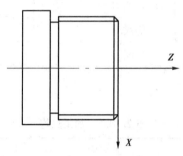

图 2.10.6　坐标系

2) 编制程序

螺纹加工程序见表 2.10.6。

表 2.10.6　零件 14 加工程序

程序号	O0014	
程序段号	程序段内容	注　释
N01	T0303;	换 3 号刀
N05	M03 S400;	启动主轴
N10	G00 X30.0 Z4.0;	刀具加工定位
N20	G76 P021060 Q100 R0.2;	螺纹切削循环
N25	G76 X16.1 Z-22. R0 P195 Q1200 F3;	
N30	G00 X100.0 Z100.0;	退刀
N35	M05;	主轴停
N40	M30;	程序结束

二、操作演示

①刀具的安装。

②刀补值的建立。

③量具的使用。

三、操作训练

指导学生在 MDI 方式下输入转速值、建立工件坐标系;指导学生进行程序的建立、编辑、修改、存储与删除及工艺的制订。在加工一定尺寸后测量其精度,指导学生利用修改刀补设置,校正尺寸。

（1）程序调试与零件的试切

①将程序输入数控装置中,让车床空运行,以检查程序是否正确。

②在有 CRT 图形显示的数控车床上模拟运行,以检查刀具与工件之间是否干涉和有过多的空行程。

③零件的首件试切。当发现有加工误差时,分析误差产生的原因,找出问题所在,加以修正。

（2）注意事项

①换刀时不要与工件产生撞击。

②切槽时注意进给速度不要太快。

③切槽到达底部时,若对槽的表面质量有要求,一定要在槽底暂停几秒钟。

④精车与粗车的加工进给速度与转速的改变。

四、实训小结

本次课主要是操作机床加工大螺距螺纹,重点掌握 G76 的运用。

五、课后作业

①总结归纳大螺距加工中所出现的问题和解决办法。

②如何选择外圆加工时的切削用量?

③考虑保证零件加工精度和表面粗糙度要求应采取的措施。

模块三

数控车床编程加工综合实训

项目一 综合实训(一)

任务一 阶梯轴零件的编程与加工(一)

【实训目的】

- 熟悉掌握车削工件的一般方法和步骤;
- 掌握控制尺寸精度的方法;
- 掌握圆弧和圆锥的编程方法;
- 遵守操作规程,养成文明操作安全生产的习惯。

【重点和难点】

- 精确对刀的方法;
- 尺寸精度的保证。

【实训内容】

编制阶梯轴零件的程序并进行加工,工件材料为45#钢,φ40 为毛坯面。

1. 工艺分析

(1)零件几何特点

该零件由外圆柱面、圆锥和圆弧组成,其几何形状为圆柱形的轴类零件,且零件直径为沿 Z 方向单调增大的,可采用 G71 指令进行编程。

(2)加工工序

采用毛坯尺寸 φ40 mm 棒料,材料为45#钢。根据零件图样要求其加工工序为:

①建立工件坐标系,并输入刀补值。

②平端面,选用90°外圆车刀,可采用 G01 指令。

③外圆柱面粗车,选用90°外圆车刀,可采用 G71 指令。

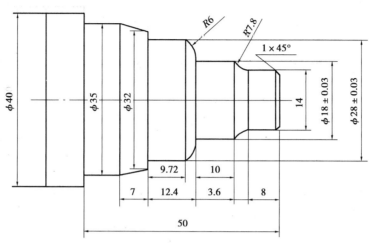

图 3.1.1 零件 14

④外圆柱面精车,选用 90°外圆车刀,可采用 G70 指令。

(3)刀具卡片

数控加工工序所用刀具见表 3.1.1。

表 3.1.1 零件 14 数控加工刀具卡片

数控加工刀具卡片							
产品名称		零件名称		零件图号		程序编号	
序 号	刀具号	刀具名称	刀杆规格	刀片材料	刀尖方位号	刀补号	备 注
1	T01	90°外圆车刀	20×20	高速钢	3	01	
2	T02	90°外圆车刀	20×20	高速钢	3	02	
3	T03	3 mm 宽切断刀	20×20	高速钢		03	
编制		审核		批准		共( )页	第( )页

(4)工艺过程卡片

工艺过程卡片见表 3.1.2。

表 3.1.2 零件 13 机械加工工艺过程卡片

机械加工工艺过程卡片		产品型号		零(部)件图号				共( )页	第( )页
		产品名称		零(部)件名称	1			备注	

材料牌号	45#钢	毛坯种类	锻件	毛坯外型尺寸	φ40×76	每毛坯可制件数		每台件数	1	

工序号	工序名称	工序内容	车间	工段	设备	切削用量			工时	
						a_p	n	F	准终	单件
1	粗车	平端面,选用90°外圆车刀,可采用G01指令	机加车间		数控车床		500	100		
2	粗车	外圆柱面粗车,选用90°外圆车刀,可采用G71指令				4	500	150		
3	精车	外圆柱面精车,选用90°外圆车刀,可采用G70指令				0.5	1 000	80		
4	切断	3 mm 宽切断刀进行切断				4	500	60		
				设计(日期)	审核(日期)	标准化(日期)		会签(日期)		
标记	处数	更改文件号	签字	日期	标记	处数	更改文件号	签字	日期	

（5）参考程序

数控加工程序见表3.1.3。

表3.1.3　零件14数控加工程序

程序号	O0027	
程序段号	程序段内容	注　释
N01	T0101；	选择1#刀,设置工件零点
N05	G98；	设定进给速度单位
N10	M03 S500；	主轴正转
N15	G00 X45. Z0 ；	刀具快速移至右端面工件外侧点
N20	G01 X0. F100；	切削右端面
N25	Z2. ；	退刀
N30	G00 G41 X45. Z2 ；	刀具快速移至粗车循环点
N35	G71 U2. R1. ；	定义车削循环
N40	G71 P45 Q90 U0.5 W0 F100；	
N45	G00 X12. ；	切削起点 A 点
N48	G01 Z0.	
N50	G01 Z-1. ；	切倒角
N55	W-8. ；	切削外圆
N60	G02 X18. W-3.6 R7.8；	外圆弧切削
N65	W-10.0；	外圆切削
N70	G03 X28. W-2.638 R6. ；	圆弧切削
N75	G01 W-9.72. ；	外圆切削
N80	X32. ；	X 坐标定位
N85	G01 X-35. W-7. ；	锥面切削
N90	Z-54. ；	外圆切削
N100	G00 G40 X100. Z100. ；	刀具返回换刀点
N105	M00；	程序暂停
N110	T0202	选择2#刀,2#刀补
N115	M03 S1000；	主轴正转
N120	G00 G41 X45. Z2. ；	循环加工起刀点定位
N125	G70 P45 Q90；	精加工
N130	G00 G40 X100. Z100. ；	刀具返回换刀点
N135	M00；	程序暂停
N140	T0303；	换第三把刀
N145	M03 S500；	主轴正转
N150	G00 Z-54. ；	刀具移到起刀点
N155	G00 X45. ；	

续表

程序号	O0014	
程序段号	程序段内容	注　释
N160	G01 X30. F60；	进行切断
N165	X20. F40；	
N170	X10. F20；	
N175	X-1. ；	
N180	G00 X100. ；	退刀
N185	Z100. ；	
N190	M05；	主轴停转
N195	M30；	程序结束

2. 加工中注意事项

①装刀时让刀尖对准工件回转中心，刀尖角的对称中心线必须与零件轴线严格保持垂直，装刀可用样板来对刀。

②圆弧和圆锥各相关点坐标计算要准确。

③适时调整进给分辨率开关，以提高加工质量。

3. 评分表

表 3.1.4　零件 14 加工评分表

图号		工　种	数控车床操作工	技术等级	初　级	时间	60分钟
序号	项　目	考核内容	配　分	评分标准	完成情况	单项得分	
1	工艺编制	工艺编制合理	10	根据工艺要求酌情扣分			
2	刀具选用		5	根据刀具要求酌情扣分			
3	对刀		10	重大错误全扣			
4	程序编制		30	重大错误全扣，其余酌情扣分			
5	尺寸	$\phi18 \pm 0.03$	10	超差全扣			
6		$\phi28 \pm 0.03$	10	超差全扣			
7		$\phi35$	3	超差全扣			
8		$\phi35$	3	超差全扣			
9		$R6$	3	超差全扣			
10		$R8$	3	超差全扣			
11	表面粗糙度	1.6	3	超差全扣			

续表

图号		工　种	数控车床操作工	技术等级	初　级	时间	60分钟
序号	项　目	考核内容	配　分	评分标准	完成情况	单项得分	
12	机床维护	安全文明生产,正确维护机床	15	根据实际情况扣分			
13	时间	规定时间完成		每超10分钟扣5分,超过半小时不给分			

任务二　阶梯轴零件的编程与加工(二)

【实训内容】

阶梯轴零件14的编程与加工。

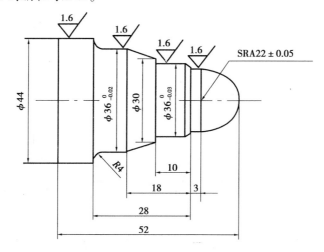

图3.1.2　零件15

1.工艺分析

(1)零件几何特点

(2)加工工序

(3)刀具卡片

填写数控加工工序所用刀具表3.1.5。

表 3.1.5　零件 15 数控加工刀具卡片

数控加工刀具卡片							
产品名称		零件名称		零件图号		程序编号	
序号	刀具号	刀具名称	刀杆规格	刀片材料	刀尖方位号	刀补号	备注
1							
2							
3							
4							
5							
6							
7							
8							
9							
10							
11							
12							
13							
14							
15							
16							
17							
18							
19							
20							
21							
22							
23							
24							
25							
编制		审核		批准		共（　）页	第（　）页

（4）工艺过程

表 3.1.6　零件 15 机械加工工艺过程卡片

机械加工工艺过程卡片		产品型号		零(部)件图号		共( )页 第( )页
		产品名称		零(部)件名称		
材料牌号	毛坯种类	毛坯外型尺寸	每毛坯可制件数	每台件数		备注
工序号	工序名称	工序内容	车间	工段	设备	切削用量 a_p / n / F	工时 准终 / 单件
1							
2							
3							
4							
5							
6							
			设计(日期)	审核(日期)	标准化(日期)	会签(日期)
标记	处数	更改文件号	签字	日期	标记	处数	更改文件号	签字	日期

（5）参考程序

表 3.1.7 零件 15 数控加工程序

程序号	O0034	
程序段号	程序段内容	注 释
N01		
N05		
N10		
N15		
N20		
N25		
N30		
N35		
N40		
N45		
N50		
N55		
N60		
N65		
N70		
N75		
N80		
N85		
N90		
N95		
N100		
N105		
N110		
N115		
N120		
N125		
N130		
N135		
N140		
N145		
N150		
N155		
N160		
N165		

续表

程序号	O0034	
程序段号	程序段内容	注　释
N170		
N175		
N180		
N185		
N190		

2. 评分表

表 3.1.8　零件 15 加工评分表

图号		工　种	数控车床操作工	技术等级	初　级	时间	60分钟
序号	项　目	考核内容	配　分	评分标准	完成情况	单项得分	
1	工艺编制	工艺编制合理	10	根据工艺要求酌情扣分			
2	刀具选用		5	根据刀具要求酌情扣分			
3	对刀		10	重大错误全扣			
4	程序编制		30	重大错误全扣,其余酌情扣分			
5	尺寸	$SR11 \pm 0.05$	10	超差全扣			
6		$\phi 26_{-0.03}^{0}$	5	超差全扣			
7		$\phi 30$	3	超差全扣			
8		$\phi 36_{-0.02}^{0}$	5	超差全扣			
9		$\phi 44_{-0.03}^{0}$	5	超差全扣			
10		$R8$	3	超差全扣			
11	表面粗糙度	1.6	3	超差全扣			
12	机床维护	安全文明生产,正确维护机床	15	根据实际情况扣分			
13	时间	规定时间完成		每超10分钟扣5分,超过半小时不给分			

123

项目二　综合实训（二）

任务一　阶梯轴零件的编程与加工（一）

【实训目的】

- 熟练掌握车削工件的一般方法和步骤；
- 掌握控制尺寸精度的方法；
- 掌握圆弧和圆锥的编程方法；
- 遵守操作规程，养成文明操作安全生产的习惯。

【重点和难点】

- 精确对刀的方法；
- 尺寸精度的保证。

【实训内容】

编制如图 3.2.1 所示的阶梯轴零件的程序并进行加工，工件材料为 45#钢。

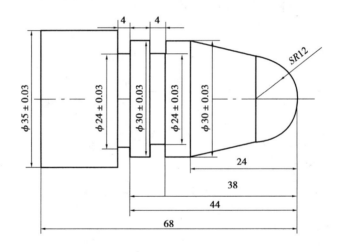

图 3.2.1　零件 16

1. 工艺分析

（1）零件几何特点

该零件由外圆柱面、圆锥和圆弧组成，其几何形状为圆柱形的轴类零件，且零件直径为沿 Z 方向不是单调增大右减小的，需采用 G73 指令进行编程。

（2）加工工序

采用毛坯尺寸为 ϕ40 mm 棒料，材料为 45#钢。根据零件图样要求，其加工工序为：

①建立工件坐标系，并输入刀补值。

②平端面，选用 90°外圆车刀，可采用 G01 指令。

③外圆柱面粗车,选用90°外圆车刀,可采用 G73 指令。

④外圆柱面精车,选用90°外圆车刀,可采用 G70 指令。

(3)刀具卡片

数控加工工序所用刀具见表3.2.1。

表 3.2.1 零件 16 数控加工刀具卡片

数控加工刀具卡片							
产品名称		零件名称		零件图号		程序编号	
序号	刀具号	刀具名称	刀杆规格	刀片材料	刀尖方位号	刀补号	备注
1	T01	90°外圆车刀	20×20	高速钢	3	01	
2	T02	90°外圆车刀	20×20	高速钢	3	02	
3	T03	4 mm 宽切断刀	20×20	高速钢		03	
编制		审核		批准		共( )页	第( )页

(4)工艺过程卡片

工艺过程卡片见表3.2.2。

表 3.2.2 零件 16 机械加工工艺过程卡片

机械加工工艺过程卡片		产品型号		零(部)件图号			共( )页 第( )页	
		产品名称		零(部)件名称	1			
材料牌号 45#钢	毛坯种类 锻件	毛坯外型尺寸	每毛坯可制件数				备注	
工序号	工序名称	工序内容	车间	工段	设备	切削用量 a_p / n / F	每台件数	工时 准终 / 单件
1	粗车	平端面,选用 90°外圆车刀,可采用 G01 指令	机加车间		数控车床	/ 500 / 100		
2	粗车	外圆柱面粗车,选用 90°外圆车刀,可采用 G73 指令				4 / 500 / 150		
3	精车	外圆柱面精车,选用 90°外圆车刀,可采用 G70 指令				0.5 / 1 000 / 80		
4	切断	4 mm 宽切断刀进行切断				4 / 500 / 60		
					设计(日期)	审核(日期)	标准化(日期)	会签(日期)
标记	处数	更改文件号	签字	日期	标记 处数 更改文件号 签字 日期			

（5）参考程序

数控程序见表3.2.3。

表3.2.3　零件16数控加工程序

程序号	O0035	
程序段号	程序段内容	注　释
N01	T0101；	选择1#刀设置工件零点
N05	G98；	设定进给速度单位
N10	M03 S500；	主轴正转
N15	G00 X45. Z0 ；	刀具快速移至右端面工件外侧点
N20	G01 X0. F100；	切削右端面
N25	Z2.；	退刀
N30	G00 G41 X45. Z2 ；	刀具快速移至粗车循环点
N35	G73 U8. W0 R8.；	定义车削循环
N40	G73 P45 Q95 U0.5 W0 F100；	
N45	G00　X0.；	切削起点 A 点的 X 坐标
N50	G01 Z0.；	切倒角
N55	G03 X24. Z-12. R12.	切削外圆
N60	G01 X30. Z-24.；	外圆切削
N65	G01 Z-48.	外圆切削
N70	G01 X35.；	定位
N75	G01 Z-68.；	外圆切削
N80	G40 G00 X100. Z100.；	刀具返回换刀点
N85	M00；	程序暂停
N90	T0202；	选择2#刀,2#刀补
N95	M03 S1000；	主轴正转
N100	G00 G41 X85. Z2.；	循环加工起刀点定位
N105	G70 P45 Q95；	精加工
N110	G00 G40 X100. Z100.；	刀具返回换刀点
N115	M00；	程序暂停
N120	T0303；	换第三把刀
N125	M03 S500；	主轴正转
N130	G00 Z-42.；	
N135	G00 X35.；	
N140	G01 X24. F80	
N145	G01 X35.；	
N150	G01 Z-48.；	
N155	G01 X24.；	
N160	G01 X40.；	刀具移到起刀点
N165	G00 Z-72.；	

续表

程序号	O0035	
程序段号	程序段内容	注　释
N170	G01 X20. F60;	
N180	X10. F40;	进行切断
N185	X-1. F20;	
N190	G00 X100. ;	
N195	Z100. ;	退刀
N200	M05;	主轴停转
N205	M30;	程序结束

2. 加工注意事项

①装刀时让刀尖对准工件回转中心,刀尖角的对称中心线必须与开件轴线严格保持垂直,装刀可用样板来对刀。

②圆弧和圆锥各相关点坐标计算要准确。

③适时调整进给分辨率开关,以提高加工质量。

3. 评分表

表 3.2.4　零件 16 加工评分表

图号		工　种	数控车床操作工	技术等级	初　级	时间	60 分钟
序号	项　目	考核内容	配分	评分标准	完成情况	单项得分	
1	工艺编制	工艺编制合理	10	根据工艺要求酌情扣分			
2	刀具选用		5	根据刀具要求酌情扣分			
3	对刀		10	重大错误全扣			
4	程序编制		30	重大错误全扣,其余酌情扣分			
5	尺寸	$\phi 30 \pm 0.03$	5	超差全扣			
6		$\phi 24 \pm 0.03$	5	超差全扣			
7		$\phi 35 \pm 0.03$	3	超差全扣			
8		$SR12$	3	超差全扣			
9	表面粗糙度	6.3	3	超差全扣			
10	机床维护	安全文明生产,正确维护机床	15	根据实际情况扣分			
11	时间	规定时间完成		每超 10 分钟扣 5 分,超过半小时不给分			

任务二　阶梯轴零件的编程与加工(二)

【实训内容】

阶梯轴零件 17 的编程与加工。

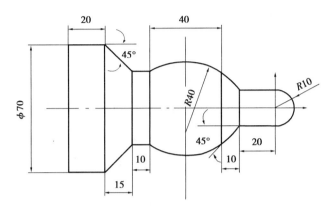

图 3.2.2　零件 17

1. 工艺分析

(1)零件几何特点

(2)加工工序

(3)刀具卡片

表 3.2.5　零件 17 数控加工刀具卡片

数控加工刀具卡片						
产品名称		零件名称		零件图号		程序编号	
序　　号	刀具号	刀具名称	刀杆规格	刀片材料	刀尖方位号	刀补号	备　注
1							
2							
3							
4							
5							
6							
编制		审核		批准		共(　)页	第(　)页

(4)工艺过程

表 3.2.6 零件 17 机械加工工艺过程卡片

机械加工工艺过程卡片		产品型号			零(部)件图号		共( )页 第( )页
		产品名称			零(部)件名称		备注
材料牌号		毛坯种类		毛坯外型尺寸	每毛坯可制件数	每台件数	

工序号	工序名称	工序内容	车间	工段	设备	切削用量 a_p	切削用量 n	切削用量 F	工时 准终	工时 单件
1										
2										
3										
4										
5										
6										
					设计(日期)	审核(日期)	标准化(日期)		会签(日期)	
标记	处数	更改文件号	签字	日期	标记	处数	更改文件号	签字	日期	

（5）参考程序

表 3.2.7 零件 17 数控加工程序

程序号	OO036	
程序段号	程序段内容	注 释
N01		
N05		
N10		
N15		
N20		
N25		
N30		
N35		
N40		
N45		
N50		
N55		
N60		
N65		
N70		
N75		
N80		
N85		
N90		
N95		
N100		
N105		
N110		
N115		
N120		
N125		
N130		
N135		
N140		
N145		
N150		
N155		
N160		
N165		

续表

程序号	OO036	
程序段号	程序段内容	注　释
N170		
N175		
N180		
N185		
N190		

（6）评分表

表 3.2.8　零件 17 加工评分表

图号			工种	数控车床操作工	技术等级	初级	时间	60分钟
序号	项　目	考核内容	配　分		评分标准	完成情况	单项得分	
1	工艺编制	工艺编制合理	10		根据工艺要求酌情扣分			
2	刀具选用		5		根据刀具要求酌情扣分			
3	对刀		10		重大错误全扣			
4	程序编制		30		重大错误全扣,其余酌情扣分			
5	尺寸	$SR11 \pm 0.05$	10		超差全扣			
6		$\phi 26_{-0.03}^{0}$	5		超差全扣			
7		$\phi 30$	3		超差全扣			
8		$\phi 36_{-0.02}^{0}$	5		超差全扣			
9		$\phi 44_{-0.03}^{0}$	5		超差全扣			
10		$R8$	3		超差全扣			
11	表面粗糙度	1.6	3		超差全扣			
12	机床维护	安全文明生产,正确维护机床	15		根据实际情况扣分			
13	时间	规定时间完成			每超10分钟扣5分,超过半小时不给分			

项目三　综合实训(三)

任务一　套类零件编程与加工(一)

【实训目的】
- 掌握内孔加工程序的编制;
- 掌握内孔刀的对刀方法。

【重点与难点】
- 内孔刀的对刀方法;
- 编程时起刀点与走刀路线的选择。

【实训内容】

编制图3.3.1所示零件的数控程序并加工,材料为45#钢。

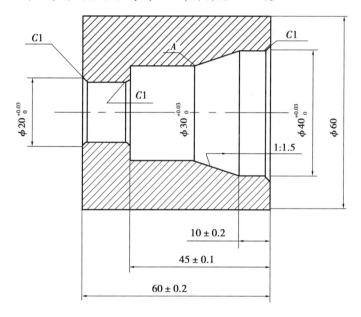

图3.3.1　零件18

1.工艺分析

(1)零件几何特点

该零件由内圆柱面、内圆锥组成,为套类零件。

(2)加工工序

采用毛坯尺寸为 $\phi 65$ mm 的棒料,材料为45#钢。根据零件图样要求,其加工工序为:

①建立工件坐标系,并输入刀补值。

②平端面,选用90°外圆车刀,可采用G01指令。

③钻中心孔。

④钻 $\phi 18$ 通孔。

⑤内轮廓粗加工。

⑥内轮廓精加工。

⑦掉头平端面。

⑧孔口倒角。

（3）刀具卡片

数控加工工序所用刀具见表3.3.1。

表3.3.1　零件18数控加工刀具卡片

数控加工刀具卡片							
产品名称		零件名称		零件图号		程序编号	
序　号	刀具号	刀具名称	刀杆规格	刀片材料	刀尖方位号	刀补号	备　注
1	T01	90°外圆车刀	20×20	高速钢	3	01	
2		φ3中心钻		高速钢			
3		φ18钻头		高速钢			
4	T02	内孔镗刀	20×20	高速钢	3	02	
5	T03	内孔镗刀	20×20	高速钢	3	03	
6							
编制		审核		批准		共（　）页	第（　）页

（4）工艺过程

套类零件18工艺过程见表3.3.2。

表 3.3.2　零件 18 机械加工工艺过程卡片

机械加工工艺过程卡片		产品型号		零(部)件图号				共( )页 第( )页	
		产品名称 φ65		零(部)件名称 1					
材料牌号 45#钢	毛坯种类 锻件	毛坯外型尺寸		每毛坯可制件数	每台件数			备注	
工序号	工序名称	工序内容	车间	工段	设备	切削用量		工时	
						a_p	n	F	准终 单件
1	粗车	平端面,选用 90°外圆车刀,可采用 G01 指令 T01	实训车间		数控车床		500	120	
2	中心孔	打中心孔					300		
3	钻孔	φ18 的钻头钻孔					300		
4	粗镗	粗镗内孔 T02				4	500	120	
5	精镗	精镗内孔 T03				0.5	800	80	
6	粗车	调头平端面(手动)T01					500	120	
7	粗车	孔口倒角(手动)T02					500	100	
						设计(日期)	审核(日期)	标准化(日期)	会签(日期)
标记	处数	更改文件号	签字	日期		标记	处数	更改文件号	签字 日期

（5）参考程序

数控程序见表3.3.3。

表 3.3.3 零件 18 数控加工程序

程序号	O0037	
程序段号	程序段内容	注 释
N01	T0101；	选择 1#刀,1#刀补,设置工件零点
N05	G98；	设定进给速度单位
N10	M03 S500；	主轴正转
N15	G00 X70. Z0 ；	刀具快速移至右端面工件外侧点
N20	G01 X0. F100；	切削右端面
N25	Z2. ；	退刀
N30	G00 X100. ；	防止与尾座发生碰撞
N35	Z-50. ；	
N40	M00；	程序暂停,手动打中心孔,钻孔
N45	T0202；	换第二把刀
N50	M03 S500；	主轴正转
N55	G00 G42 X16. Z2；	刀具快速移至粗车循环点
N60	G71 U2. R1. ；	定义车削循环
N65	G71 P65 Q105 U-0.5 W0 F100；	
N70	G00 X42. ；	切削起点 A 点的 X 坐标
N75	G01 Z0. ；	倒角起点
N80	G01 X40.015 Z-1.0 F50	切倒角
N85	Z-10.1；	内圆切削
N90	X30.015 W-15.0；	内圆锥切削
N95	Z-45. ；	镗孔
N100	X22.025；	倒角起点
N105	W-1. ；	倒角
N110	Z-65. ；	镗孔
N115	G40 G00 X100. Z100. ；	取消刀补
N120	M00；	程序暂停
N125	T0303；	选择 3#刀,3#刀补
N130	M03 S1000；	主轴正转
N135	G00 G42 X16. Z2. ；	刀具快速移至精车循环点
N140	G70 P65 Q105；	精车循环
N145	G00 G40 X100. Z100. ；	刀具返回换刀点
N150	M05；	主轴停转
N155	M30；	程序结束

2. 注意事项

装刀时让刀尖对准工件回转中心，刀尖角的对称中心线必须与开件轴线严格保持垂直，装刀可用样板来对刀。

3. 评分表

表 3.3.4　零件 18 加工评分表

图号		工　　种	数控车床操作工	技术等级	初　级	时间	60 分钟
序号	项目	考核内容	配分	评分标准	完成情况	单项得分	
1	工艺编制	工艺编制合理	10	根据工艺要求酌情扣分			
2	刀具选用		5	根据刀具要求酌情扣分			
3	对刀		10	重大错误全扣			
4	程序编制		30	重大错误全扣，其余酌情扣分			
5	尺寸	$\phi 18 \pm 0.03$	10	超差全扣			
6		$\phi 28 \pm 0.03$	10	超差全扣			
7		$\phi 35$	3	超差全扣			
8		$\phi 35$	3	超差全扣			
9		$R6$	3	超差全扣			
10		$R8$	3	超差全扣			
11	表面粗糙度	1.6	3	超差全扣			
12	机床维护	安全文明生产，正确维护机床	15	根据实际情况扣分			
13	时间	规定时间完成		每超 10 分钟扣 5 分，超过半小时不给分			

任务二　套类零件编程与加工（二）

【实训内容】

编制图 3.3.2 所示零件的数控程序并加工。

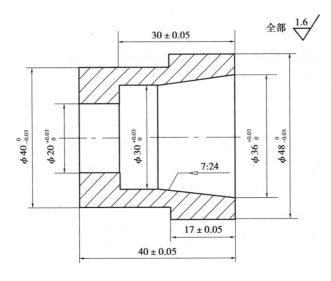

图 3.3.2　零件 19

1. 工艺分析

（1）工艺分析

（2）加工工序

（3）刀具卡片

表 3.3.5　零件 19 数控加工刀具卡片

数控加工刀具卡片						
产品名称		零件名称		零件图号		程序编号
序　号	刀具号	刀具名称	刀杆规格	刀片材料	刀尖方位号	刀补号	备　注
1							
2							
3							
4							
5							
6							
编制		审核		批准		共（　）页	第（　）页

（4）工艺过程

表 3.3.6　零件 19 机械加工工艺过程卡片

机械加工工艺过程卡片		产品型号		零(部)件图号			共( )页　第( )页	
		产品名称		零(部)件名称		每台件数	备注	
材料牌号		毛坯种类	毛坯外型尺寸	每毛坯可制件数				
工序号	工序名称	工序内容		车间	工段	设备	工艺装备	工时(准终／单件)
							切削用量 a_p / n / F	
1								
2								
3								
4								
5								
6								
					设计(日期)	审核(日期)	标准化(日期)	会签(日期)
标记	处数	更改文件号	签字	日期	标记	处数	更改文件号	签字 日期

139

（5）参考程序

填写套类零件 19 的数控程序：

表 3.3.7 零件 19 数控加工程序

程序号	00038	
程序段号	程序段内容	注 释
N01		
N05		
N10		
N15		
N20		
N25		
N30		
N35		
N40		
N45		
N50		
N55		
N60		
N65		
N70		
N75		
N80		
N85		
N90		
N95		
N100		
N105		
N110		
N115		
N120		
N125		
N130		
N135		
N140		
N145		
N150		
N155		
N160		

程序号	00038		
程序段号	程序段内容		注　释
N165			
N170			
N175			
N180			
N185			

2. 评分表

表 3.3.8　零件 19 加工评分表

图号		工　　种	数控车床操作工	技术等级	初　级	时间	60分钟
序号	项目	考核内容	配分	评分标准	完成情况	单项得分	
1	工艺编制	工艺编制合理	10	根据工艺要求酌情扣分			
2	刀具选用		5	根据刀具要求酌情扣分			
3	对刀		10	重大错误全扣			
4	程序编制		20	重大错误全扣,其余酌情扣分			
5	尺寸	$\phi40_{+0.03}^{0}$	10	超差全扣			
6		$\phi20_{0}^{+0.03}$	10	超差全扣			
7		$\phi30_{0}^{+0.03}$	3	超差全扣			
8		$\phi36_{0}^{+0.03}$	3	超差全扣			
9		$\phi8_{+0.03}^{0}$	2	超差全扣			
10		17 ± 0.05	3	超差全扣			
11		40 ± 0.05	3	超差全扣			
12		30 ± 0.05	3	超差全扣			
13	表面粗糙度	1.6	3	超差全扣			
14	机床维护	安全文明生产,正确维护机床	15	根据实际情况扣分			
15	时间	规定时间完成		每超10分钟扣5分,超过半小时不给分			

项目四　综合实训（四）

任务一　外三角螺纹零件编程与加工（一）

【训练目的】

- 掌握车螺纹的程序编制；
- 掌握在数控车床上加工螺纹控制尺寸的方法；
- 掌握螺纹加工切削用量的选择；
- 熟练运用 G92 指令加工三角螺纹。

【重点与难点】

- 60°螺纹刀装刀对刀的方法；
- 编程方法及相关计算；
- 加工螺纹时控制尺寸的方法。

【实训内容】

编制图 3.4.1 所示零件的加工程序并加工。

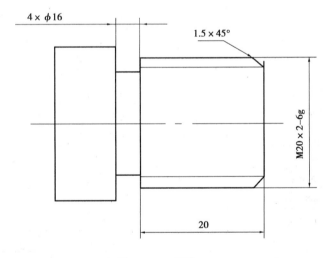

图 3.4.1　零件 20

1. 工艺分析

（1）零件几何特点

该零件由外圆柱面、螺纹和退刀槽组成，其几何形状为圆柱形的轴类零件。

（2）加工工序

采用毛坯尺寸为 $\phi26$ mm 的棒料，材料为 45# 钢。根据零件图样要求，其加工工序为：

①建立工件坐标系，并输入刀补值。

②平端面，选用 90°外圆车刀，可采用 G01 指令。

③外圆柱面粗车，选用 90°外圆车刀，可采用 G71 指令。

④外圆柱面精车,选用90°外圆车刀,可采用G70指令。

⑤切外沟槽。

⑥车螺纹。

⑦切断。

(3)刀具卡片

数控加工工序所用刀具见表3.4.1。

表3.4.1　零件20数控加工刀具卡片

数控加工刀具卡片							
产品名称		零件名称		零件图号		程序编号	
序　号	刀具号	刀具名称	刀杆规格	刀片材料	刀尖方位号	刀补号	备　注
1	T01	90°外圆车刀	20×20	高速钢	3	01	
2	T02	90°外圆车刀	20×20			02	
3	T03	切槽刀4 mm	20×20			03	
4	T04	螺纹刀	20×20			04	
5							
6							
编制		审核		批准		共(　)页	第(　)页

(4)工艺过程

工艺过程卡片见表3.4.2。

表 3.4.2 零件 20 机械加工工艺过程卡片

材料牌号	45#钢	毛坯种类	锻件	毛坯外型尺寸		产品型号		零（部）件图号		共（）页 第（）页
机械加工工艺过程卡片						产品名称		零（部）件名称	1	每台件数	备注

工序号	工序名称	工序内容	车间	工段	设备	每毛坯可制件数	切削用量			工时	
							a_p	n	F	准终	单件
1	粗车	平端面，选用90°外圆车刀，可采用G01指令	机加中心		数控车床			500	60		
2	粗车	外圆柱面粗车，选用90°外圆车刀，可采用G71指令					4	500	150		
3	精车	外圆柱面精车，选用90°外圆车刀，可采用G70指令					0.5	1 000	100		
4	切槽	切槽，采用刀宽为4 mm的切断刀					4	500	60		
5	切螺纹	用螺纹刀加工外螺纹						500	2		
6	切断	切槽刀进行切断					4	500	60		
					设计（日期）	审核（日期）	标准化（日期）			会签（日期）	

标记	处数	更改文件号	签字	日期	标记	处数	更改文件号	签字	日期

（5）参考程序

数控程序见表3.4.3。

表3.4.3　零件20数控加工程序

程序号	O0039	
程序段号	程序段内容	注　释
N01	T0101;	选择1#刀,设置工件零点
N05	G98;	设定进给速度单位
N10	M03 S500;	主轴正转
N15	G00 X30. Z0 ;	刀具快速移至右端面工件外侧点
N20	G01 X0. F100;	切削右端面
N25	Z2. ;	退刀
N30	G00 X30. ;	刀具快速移至粗车循环点
N35	G71 U2. R1. ;	定义车削循环
N40	G71 P45 Q65 U0.5 W0 F100;	
N45	G41 G00 　X16.74. ;	圆弧切削起点A点的X坐标
N50	G01 Z-1.5;	切削倒角
N55	Z-24. ;	切削外圆
N60	X24. ;	X向定位
N65	Z-34. ;	切削外圆
N70	G40 G00 X30. ;	取消刀补
N75	M00;	程序暂停
N80	G00 X100. Z100. ;	刀具返回换刀点
N85	T0202;	选择2#刀,2#刀补
N90	M03 S1000;	主轴正转
N95	G00 X30. Z3. ;	循环加工起刀点定位
N100	G70 P45 Q65;	精加工
N105	G00 X100. Z100. ;	刀具返回换刀点
N110	T0303;	换第三把刀
N115	G00 X30. Z-24. ;	快速到起刀点
N120	G01 X16. ;	切槽
N125	G04 P1000	刀具暂停
N130	G01 X30. ;	退刀
N135	G00X100. Z100. ;	回换刀点
N140	M00;	程序暂停
N145	T0404;	换第四把刀
N150	M03 S500;	主轴启动
N155	G00 X25. Z4. ;	刀具快速到起刀点

续表

程序号	OO039	
程序段号	程序段内容	注　释
N160	G92 X18.84 Z −22. F2. ;	第一刀切螺纹
N165	X18.24;	第二刀切螺纹
N170	X17.64;	第三刀切螺纹
N175	X17.24;	第四刀切螺纹
N180	X17.14;	第五刀切螺纹
N185	GOO X100. Z100. ;	回换刀点
N190	M05;	主轴停
N195	M30;	程序结束

2. 加工中注意事项

①装刀时让刀尖对准工件回转中心,刀尖角的对称中心线必须与开件轴线严格保持垂直,装刀可用样板来对刀。如果刀具装歪,就会使牙形倾斜。

②刀头伸出不要过长,一般为 20 ~ 25 mm。

③在螺纹切削过程中,进给速度倍率无效,进给暂停功能无效,同时不要改动速度倍率,否则会发生乱牙。

3. 评分表

表 3.4.4　零件 20 加工评分表

图号		工　种	数控车床操作工	技术等级	初级	时间	60 分钟
序号	项　目	考核内容	配分	评分标准	完成情况	单项得分	
1	工艺编制	工艺编制合理	10	根据工艺要求酌情扣分			
2	刀具选用		5	根据刀具要求酌情扣分			
3	对刀		10	重大错误全扣			
4	程序编制		30	重大错误全扣,其余酌情扣分			
5	尺寸	M20 × 2 − 6g	35	超差全扣			
6	机床维护	安全文明生产,正确维护机床	15	根据实际情况扣分			
7	时间	规定时间完成		每超 10 分钟扣 5 分,超过半小时不给分			

任务二　外三角螺纹零件编程与加工(二)

【实训内容】

编制图 3.4.2 所示零件程序并加工。

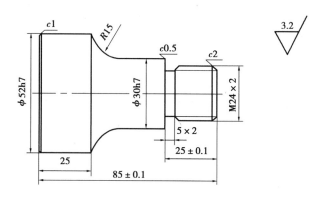

图 3.4.2　零件 21

1. 工艺分析

(1)零件几何特点

(2)加工工序

(3)刀具卡片

表 3.4.5　零件 21 数控加工刀具卡片

数控加工刀具卡片							
产品名称		零件名称		零件图号		程序编号	
序　　号	刀具号	刀具名称	刀杆规格	刀片材料	刀尖方位号	刀补号	备　注
1							
2							
3							
4							
5							
6							
编制		审核		批准		共( )页	第( )页

(4)工艺过程卡片

数控车床编程与加工实训教程

表 3.4.6 零件 21 机械加工工艺过程卡片

机械加工工艺过程卡片			产品型号		零(部)件图号				共( )页 第( )页	
			产品名称		零(部)件名称				备注	
材料牌号		毛坯种类	毛坯外型尺寸		每毛坯可制件数		每台件数			
工序号	工序名称	工序内容	车间	工段	设备	切削用量			工时	
						a_p	n	F	准终	单件
1										
2										
3										
4										
5										
6										
					设计(日期)	审核(日期)	标准化(日期)		会签(日期)	
标记	处数	更改文件号	签字	日期	标记	处数	更改文件号	签字	日期	

148

（5）参考程序

表 3.4.7   三角螺纹零件 21 数控加工程序

程序号	O0040	
程序段号	程序段内容	注　释
N01		
N05		
N10		
N15		
N20		
N25		
N30		
N35		
N40		
N45		
N50		
N55		
N60		
N65		
N70		
N75		
N80		
N85		
N90		
N95		
N100		
N105		
N110		
N115		
N120		
N125		
N130		
N135		
N140		
N145		
N150		
N155		
N160		

续表

程序号	O0040	
程序段号	程序段内容	注 释
N165		
N170		
N175		
N180		
N185		
N190		

2. 评分表

表 3.4.8　零件 21 评分表

图号		工　种	数控车床操作工	技术等级	初　级	时间	60 分钟
序号	项　目	考核内容	配　分	评分标准	完成情况	单项得分	
1	工艺编制	工艺编制合理	10	根据工艺要求酌情扣分			
2	刀具选用		5	根据刀具要求酌情扣分			
3	对刀		10	重大错误全扣			
4	程序编制		30	重大错误全扣,其余酌情扣分			
5	尺寸	M20×2-7g	10	超差全扣			
6	尺寸	ϕ52h7	5	超差全扣			
7	尺寸	ϕ302h7	5	超差全扣			
8	尺寸	25±0.1	5	超差全扣			
9	尺寸	85±0.1	5	超差全扣			
10	机床维护	安全文明生产,正确维护机床	15	根据实际情况扣分			
11	时间	规定时间完成		每超 10 分钟扣 5 分,超过半小时不给分			

项目五　综合实训（五）

任务一　复杂回转体零件编程加工（一）

【训练目的】

- 掌握复杂轴类零件的加工工艺；
- 掌握复合循环功能指令的应用；
- 掌握螺纹加工方法。

【重点与难点】

- 复杂轴类零件的加工工艺；
- 对刀具进刀路线及退刀路线设定的方法；编程的技巧。

【训练内容】

编制图 3.5.1 所示零件程序并加工。

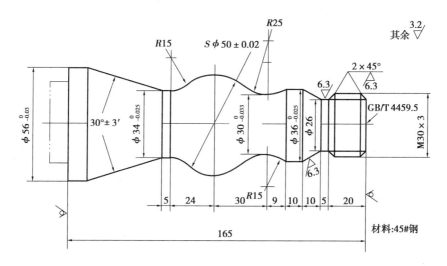

图 3.5.1　零件 22

1. 工艺分析

（1）零件几何特点

该零件由外圆柱面、锥面、球面和螺纹组成，其几何形状为圆柱形轴类零件，零件要求径向尺寸偏差为 0.025，表面粗糙度为 1.6 μm，需采用粗、精加工。

（2）加工工序

采用毛坯尺寸为 ϕ60 的棒料，材料为 45#钢，确定加工顺序及进给路线，加工顺序按由粗到精、由右到左的原则确定。即先从右到左进行粗车（留 0.5 mm 精车余量），然后从右到左沿零件表面轮廓进行精车，最后加工螺纹。根据零件图样要求其加工工序为：

①建立工件坐标系，确定工件原点、精车起点及加工起点的坐标值，工件原点设在工件右端面中心处；用试切法对刀，并输入刀补值。

②平端面,选用90°外圆车刀,可采用 G01 指令。

③外圆柱面与球面粗车,选用90°外圆车刀,可采用 G73 指令。

④外圆柱面与球面精车,选用90°外圆车刀,可采用 G70 指令。

⑤加工螺纹。

(3)刀具卡片

数控加工工序所用刀具见表3.5.1。

表3.5.1 零件22 数控加工刀具卡片

数控加工刀具卡片							
产品名称		零件名称		零件图号		程序编号	
序号	刀具号	刀具名称	刀杆规格	刀片材料	刀尖方位号	刀补号	备注
1		φ5 中心钻		高速钢			
2	T01	90°外圆车刀	20×20	高速钢	3	01	副偏角35°
3	T02	90°外圆车刀	20×20	高速钢	3	02	副偏角35°
4	T03	60°螺纹刀	20×20	高速钢		03	
5							
6							
编制		审核		批准		共( )页	第( )页

(4)工艺过程

工艺过程见表3.5.2。

表 3.5.2　零件 22 机械加工工艺过程卡片

机械加工工艺过程卡片	产品型号		φ60 mm		零(部)件图号		1		共( )页	第( )页
	产品名称				零(部)件名称			每台件数		
材料牌号	45#钢	毛坯种类	锻件	毛坯外型尺寸					备注	
工序号	工序名称	工序内容			车间	工段	设备	切削用量		工时
								a_p	n	F	准终	单件
1	粗车	平端面,93°硬质合金涂层机夹外圆车刀			仿真实训室		仿真平台		500	150		
2	钻孔	打中心孔利用尾座用手动操作							950			
3	粗车	外圆柱面,锥面与球面粗车,G73						3	500	150		
4	精车	外圆柱面,锥面与球面粗车,G70						0.25	1 000	100		
5	粗车螺纹	粗车螺纹						0.4	320			
6	精车螺纹	精车螺纹						0.1	320	螺距		
							设计(日期)	审核(日期)	标准化(日期)	会签(日期)
标记	处数	更改文件号	签字	日期	标记	处数	更改文件号	签字	日期	

（5）编制程序

复杂回转体零件 21 程序见表 3.5.3。

表 3.5.3　零件 22 数控程序

程序号	O0024	
程序段号	程序段内容	注　释
N01	T0101;	换 1#刀
N05	M03 S500;	启动主轴
N10	G00 X65. Z0 M08;	移动刀具至切端面的起刀点
N15	G01 X0 F150;	平端面
N20	Z2.;	移开刀具
N25	G00 X200.;	移开刀具
N30	M00;	程序暂停,打中心孔
N35	M03 S500;	主轴转动
N40	G00 X65. Z2.;	刀具回起刀点
N45	G73 U17. W2.0 R17.;	粗车外表面
N50	G73 P55 Q125 U0.5 W0 F100;	
N55	G01 X26.;	X 向定位
N60	G01 Z0;	刀具靠在端面上,准备切倒角
N65	G01 X29.61. Z-2.;	切倒角,外圆尺寸根据螺纹计算
N70	Z-18.;	切外圆
N75	X26. Z-20.;	切槽
N80	Z-25.;	切外圆面
N85	X35.985 Z-35.;	切锥面
N90	Z-45.;	外圆面
N95	G02 X29.983 Z-54. R15;	切 R15 圆弧
N100	G02 X40. Z-69. R25.;	切 R25 圆弧
N105	G03 X40. Z-99. R25.;	切球面
N110	G02 X33.988Z-108. R15.;	切 R15 圆弧
N115	G01 Z-113.;	切外圆面
N120	X55.985 Z-153.7;	切外圆面
N125	Z-165.;	切外圆锥面
N130	M00;	粗车结束,程序暂停
N135	G00 X100. Z100.;	回换刀点
N140	T0202;	换第二把刀
N145	M03 S1000;	主轴正转
N150	G70 P55　Q125;	精加工
N155	M00;	程序暂停
N160	G00 X100. Z100.;	回换刀点
N165	T0303;	换第三把刀
N170	G00 X35. Z3.0;	切螺纹起刀点

程序号	O0024	
程序段号	程序段内容	注　释
N175	G92 X28.61 Z-22. F3.；	开始加工螺纹,根据公式计算螺纹大径
N180	X27.81；	$d_{max} = d - 0.13p$
N185	X27.21；	小径 $d_{min} = d - 1.3p$
N190	X26.81；	
N195	X26.41；	
N200	X26.21；	
N205	X26.1；	
N210	G00 X100. Z100.；	刀具回换刀点
N215	M05；	主轴停
N220	M30；	程序结束

2.注意问题

①加工螺纹前轴的尺寸按大径计算值进行加工。

②将程序输入到数控装置中,让机床空运行,以检查程序是否正确。

3.评分表

表 3.5.4　零件 22 评分表

图号		工　种	车床操作	技术等级	初级	时间	60 分钟
序号	项　目	考核内容	配　分	评分标准	完成情况	单项得分	
1	工艺编制	工艺编制合理	10	根据工艺要求酌情扣分			
2	刀具选用		5	根据刀具要求酌情扣分			
3	对刀		10	重大错误全扣			
4	程序编制		30	重大错误全扣,其余酌情			
5	尺寸	M30×3	10	超差全扣			
6	尺寸	$\phi 36^{0}_{-0.025}$	5	超差全扣			
7	尺寸	$\phi 34^{0}_{-0.025}$	5	超差全扣			
8	尺寸	$\phi 30^{0}_{-0.033}$	5	超差全扣			
9	尺寸	$\phi 56^{0}_{-0.03}$	5	超差全扣			
10	机床维护	安全文明生产,正确维护机床	15	根据实际情况扣分			
11	时间	规定时间完成		每超 10 分钟扣 5 分,超过半小时不给分			

任务二 复杂回转体零件编程加工(二)

【训练内容】

编制图 3.5.2 所示零件程序并仿真加工,零件材料为 45#钢,表面粗糙度为 $Ra3.6$,尺寸精度 h7。

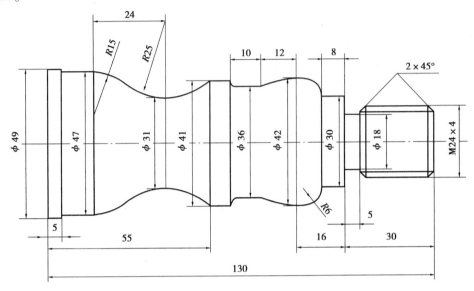

图 3.5.2 零件 23

1. 工艺分析

(1)零件几何特点

(2)加工工序

(3)刀具卡片

表 3.5.5 零件 23 数控加工刀具卡片

数控加工刀具卡片						
产品名称		零件名称		零件图号	程序编号	
序号	刀具号	刀具名称	刀杆规格	刀片材料	刀尖方位号	刀补号	备注
1						
2						
3						
4						
5						
6						
编制		审核		批准		共( )页	第( )页

(4)工艺过程

表3.5.6　零件23 机械加工工艺过程卡片

机械加工工艺过程卡片		产品型号		零(部)件图号				共( )页　第( )页
		产品名称		零(部)件名称				备注
材料牌号	毛坯种类	毛坯外型尺寸	每毛坯可制件数		每台件数			
工序号	工序名称	工序内容	车间	工段	设备	切削用量 a_p	n	F	工时 准终	单件
1										
2										
3										
4										
5										
6										
				设计(日期)	审核(日期)	标准化(日期)	会签(日期)	
标记	处数	更改文件号	签字	日期	标记	处数	更改文件号	签字	日期

157

（5）编制程序

表 3.5.7　零件 23 数控程序

程序号	O0025	
程序段号	程序段内容	注　释
N01		
N05		
N10		
N15		
N20		
N25		
N30		
N35		
N40		
N45		
N50		
N55		
N60		
N65		
N70		
N75		
N80		
N85		
N90		
N95		
N100		
N105		
N110		
N115		
N120		
N125		
N130		
N135		
N140		
N145		
N150		
N155		
N160		
N165		

程序号	O0025	
程序段号	程序段内容	注释
N170		
N175		
N180		
N185		
N190		
N195		
N200		

2. 评分表

表 3.5.8 零件 23 评分表

图号		工 种	车床操作	技术等级	初 级	时间	60分钟
序号	项 目	考核内容	配 分	评分标准	完成情况	单项得分	
1	工艺编制	工艺编制合理	10	根据工艺要求酌情扣分			
2	刀具选用		5	根据刀具要求酌情扣分			
3	对刀		10	重大错误全扣			
4	程序编制		30	重大错误全扣,其余酌情			
5	尺寸		10	超差全扣			
6	尺寸	ϕ18h7	5	超差全扣			
7	尺寸	ϕ38h7	5	超差全扣			
8	尺寸	ϕ42h7	5	超差全扣			
9	尺寸	ϕ36h7	5	超差全扣			
10	尺寸	ϕ41h7	5	超差全扣			
11	尺寸	ϕ31h7	5	超差全扣			
12	尺寸	ϕ47h7	5	超差全扣			
13	螺纹	M24×4	5	超差全扣			
14	机床维护	安全文明生产,正确维护机床	15	根据实际情况扣分			
15	时间	规定时间完成		每超10分钟扣5分,超过半小时不给分			

项目六　综合实训(六)

任务一　特型面零件编程加工(一)

【实训目的】
- 掌握相关尺寸的计算;
- 掌握尖头刀使用方法;
- 掌握 G73 指令车削成型面的方法。

【重点与难点】
- 各轮廓间切点坐标的计算;
- 特型面的加工工艺。

【训练内容】

编制图如 3.6.1 所示特型面零件 24 的数控程序并加工。

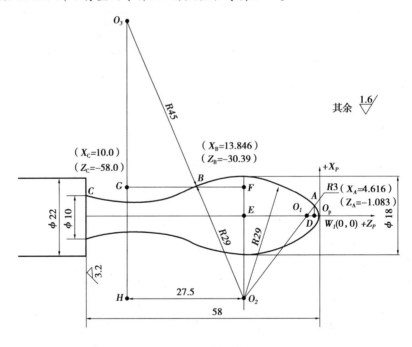

图 3.6.1　零件 24

1. 工艺分析

(1)零件几何特点

该零件由各段圆弧相切组成。

(2)加工工序

采用毛坯尺寸为 $\phi22$ mm 的棒料,从右端至左端轴向走刀切削,其路线为:车 $R3$ mm 圆弧 →$R29$ mm 圆弧→$R45$ mm 圆弧,加工顺序如下:

①建立工件坐标系,并输入刀补值。

②平端面,选用90°外圆车刀,可采用G01指令。

③外圆柱面粗车,选用尖角35°外圆车刀,可采用G73指令。

④外圆柱面精车,选用尖角35°外圆车刀,可采用G70指令。

（3）刀具卡片

数控加工工序所用刀具见表3.6.1。

表3.6.1　零件24数控加工刀具卡片

数控加工刀具卡片							
产品名称		零件名称		零件图号		程序编号	
序号	刀具号	刀具名称	刀杆规格	刀片材料	刀尖方位号	刀补号	备注
1	T01	尖角35°外圆车刀	20×20	高速钢	3	01	
2	T02	尖角35°外圆车刀	20×20		3	02	
3	T03	切槽刀3 mm	20×20			03	
4							
5							
6							
编制		审核		批准		共（ ）页	第（ ）页

（4）工艺过程

工艺过程见表3.6.2。

161

表 3.6.2 零件 24 机械加工工艺过程卡片

工序号	工序名称	工序内容	车间	工段	设备	切削用量 a_p	切削用量 n	切削用量 F	每台件数	备注
1	粗车	平端面,选用 90° 外圆车刀,可采用 G01 指令	实训车间		数控车床		500	60		
2	粗车	外圆柱面粗车,选用尖角 35° 外圆车刀,可采用 G73 指令				4	500	100		
3	精车	外圆柱面精车,选用尖角 35° 外圆车刀,可采用 G70 指令				0.5	1 000	50		
4	切断	采用 3 mm 切断刀进行切断,手动方式				3	500	40		

机械加工工艺过程卡片

| 产品型号 | | 零(部)件图号 | |
| 产品名称 | $\phi 22 \times 75$ | 零(部)件名称 | 1 |

材料牌号 45#钢 毛坯种类 锻件 毛坯外型尺寸 每毛坯可制件数 共( )页 第( )页

工时:准终／单件

设计(日期) 审核(日期) 标准化(日期) 会签(日期)

标记	处数	更改文件号	签字	日期	标记	处数	更改文件号	签字	日期

（5）参考程序

表3.6.3　零件24数控加工程序

程序号	O0040	
程序段号	程序段内容	注　释
N01	T0101;	选择1#刀,1#刀补,设置工件零点
N05	G98;	设定进给速度单位
N10	M03 S500;	主轴正转
N15	G00 X25. Z0 ;	刀具快速移至右端面工件外侧点
N20	G01 X0. F100;	切削右端面
N25	Z2. ;	退刀
N30	G00 G41 X25. Z2. ;	刀具快速移至粗车循环点
N35	G73 U8. W0 R8. ;	定义车削循环
N40	G73 P45 Q70 U0. 5 W0 F100;	
N45	G00　X0. ;	切削起点A点的X坐标
N50	G01 Z0. ;	切倒角
N55	G03 X4. 616 Z-1. 083 R3. ;	圆弧切削
N60	G03 X9. 23O Z-30. 39 R29. ;	圆弧切削
N65	GO2 X13. 846 Z-58. R45. ;	圆弧切削
N80	G00 G40 X100. Z100. ;	X坐标定位
N85	M00;	程序暂停
N90	T0202	选择2#刀,2#刀补
N95	M03 S1000;	主轴正转
N100	G00 G41 X25. Z2. ;	循环加工起刀点定位
N105	G70 P45 Q70;	精加工
N130	G00 G40 X100. Z100. ;	刀具返回换刀点
N135	M00;	程序暂停
N140	T0303;	选择3#刀,3#刀补
N145	M03 S500;	主轴正转
N150	G00 Z-62. ;	加工起刀点定位
N155	G00 X25. ;	加工起刀点定位
N160	G01 X15. F40;	切断
N165	X5. F20 ;	
N170	X-1. ;	
N175	M05;	主轴停转
N180	M30;	程序结束

2.加工中注意事项

①装刀时让刀尖对准工件回转中心,刀尖角的对称中心线必须与开件轴线严格保持垂直,装刀可用样板来对刀。

②圆弧相切点坐标可以根据相、全等三角形定理求得。

③使用尖刀时,由于尖刀刀尖强度很低,因此切削用量不宜太大,一般取 1 mm(直径方向)左右,Z 方向取 0。

3.评分表

表3.6.4　零件24加工评分表

图号		工种	数控车床操作工	技术等级	初级	时间	60分钟
序号	项目	考核内容	配分	评分标准	完成情况	单项得分	
1	工艺编制	工艺编制合理	10	根据工艺要求酌情扣分			
2	刀具选用		5	根据刀具要求酌情扣分			
3	对刀		10	重大错误全扣			
4	程序编制		30	重大错误全扣,其余酌情			
5	尺寸	ϕ18	10	超差全扣			
6		27.5	10	超差全扣			
7		58	10	超差全扣			
8	表面粗糙度	1.6	3	超差全扣			
9	机床维护	安全文明生产,正确维护机床	15	根据实际情况扣分			
10	时间	规定时间完成		每超10分钟扣5分,超过半小时不给分			

任务二　特型面零件编程加工(二)

【训练内容】

编制如图 3.6.2 所示特型面零件 25 的数控程序并加工。

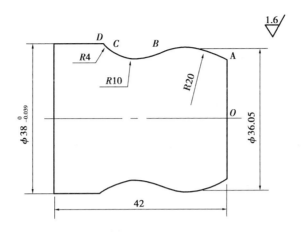

图 3.6.2　零件 25

1.工艺分析

(1)零件几何特点

(2)加工工序

(3)刀具卡片

表 3.6.5　零件 25 数控加工刀具卡片

数控加工刀具卡片							
产品名称		零件名称		零件图号		程序编号	
序号	刀具号	刀具名称	刀杆规格	刀片材料	刀尖方位号	刀补号	备注
1							
2							
3							
4							
5							
6							
编制		审核		批准		共( )页	第( )页

(4)工艺过程

表 3.6.6 零件 25 机械加工工艺过程卡片

机械加工工艺过程卡片		产品型号		零（部）件图号			共（ ）页 第（ ）页	
		产品名称		零（部）件名称				
材料牌号		毛坯种类		毛坯外型尺寸		每毛坯可制件数	每台件数	备注
工序号	工序名称	工序内容			车间	工段	设备	切削用量			工时
								a_p	n	F	准终	单件
1												
2												
3												
4												
5												
6												
					设计（日期）		审核（日期）	标准化（日期）			会签（日期）	
标记	处数	更改文件号	签字	日期	标记	处数	更改文件号	签字			日期	

（5）参考程序

表 3.6.7 零件 25 数控加工程序

程序号	O0042	
程序段号	程序段内容	注 释
N01		
N05		
N10		
N15		
N20		
N25		
N30		
N35		
N40		
N45		
N50		
N55		
N60		
N65		
N70		
N75		
N80		
N85		
N90		
N95		
N100		
N105		
N130		
N135		
N140		
N145		
N150		
N155		
N160		
N165		
N170		
N175		
N180		

续表

程序号	O0042	
程序段号	程序段内容	注　释
N185		
N190		
N195		
N200		
N205		

2. 评分表

表 3.6.8　零件 25 加工评分表

图号		工　种	数控车床操作工	技术等级	初　级	时间	60 分钟
序号	项　目	考核内容	配分	评分标准	完成情况	单项得分	
1	工艺编制	工艺编制合理	10	根据工艺要求酌情扣分			
2	刀具选用		5	根据刀具要求酌情扣分			
3	对刀		10	重大错误全扣			
4	程序编制		30	重大错误全扣,其余酌情			
5	尺寸	φ36.05	10	超差全扣			
6		42	10	超差全扣			
7		$36.05^{0}_{-0.039}$	10	超差全扣			
8	表面粗糙度	1.6	3	超差全扣			
9	机床维护	安全文明生产,正确维护机床	15	根据实际情况扣分			
10	时间	规定时间完成		每超 10 分钟扣 5 分,超过半小时不给分			

项目七 综合训练(七)

任务一 综合零件编程与加工(一)

【实训目的】

- 掌握复杂零件工艺安排;
- 掌握调头后装夹工件的方法;
- 掌握调头后工件坐标系的调整法。

【重点与难点】

- 复杂零件的工艺过程设计;
- 调头装夹后的坐标计算。

【实训内容】

编制如图3.7.1所示零件26的数控程序并加工。

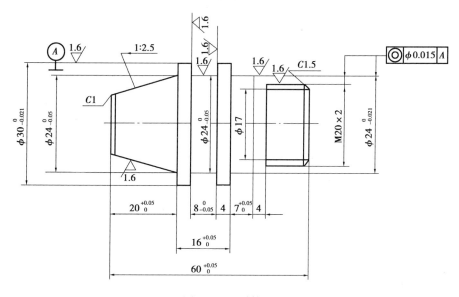

图 3.7.1 零件26

1.工艺分析

(1)零件几何特点

该零件右端由外圆柱面、螺纹组成,左端由外圆锥面和槽组成,是复杂回转体零件。毛坯尺寸为35 mm×65 mm棒料,材料为45#钢。

(2)加工工序

工件右端有锥度,难以装夹,所以先加工好左端螺纹和外圆后再加工右端。调头装夹时要找正左右端同轴度。右端加工时,先加工外圆表面和槽,然后进行螺纹加工。锥度有相应的要求,在加工锥度时,一定要进行刀尖半径补偿才能保证其要求。工艺顺序如下:

①粗车右端端面和外圆,留精加工余量0.5 mm。

②精车右端各表面,达到图纸要求,重点保证ϕ24 mm外圆尺寸。

③车螺纹退刀槽。

④切削螺纹。

⑤调头装夹,粗车左端面锥度和外圆表面。

⑥精车左端面锥度和外圆表面,保证图纸尺寸和形位公差要求。

⑦去毛刺,检测工件各项尺寸要求。

(3)刀具卡片

①加工左端的刀具见表3.7.1。

表3.7.1 零件26左端数控加工刀具卡片

数控加工刀具卡片							
产品名称		零件名称			零件图号		程序编号	
序号	刀具号	刀具名称	刀杆规格	刀片材料	刀尖方位号	刀补号	备注
1	T01	93°粗车右偏外圆刀	20×20	硬质合金	3	01	
2	T02	93°精车右偏外圆刀	20×20	硬质合金	3	02	
3	T03	切槽刀3 mm	20×20	高速钢		03	
4	T04	螺纹刀	20×20	高速钢		04	
编制		审核		批准		共( )页	第( )页

②加工右端的刀具见表3.7.2。

表3.7.2 零件26右端数控加工刀具卡片

数控加工刀具卡片							
产品名称		零件名称			零件图号		程序编号	
序号	刀具号	刀具名称	刀杆规格	刀片材料	刀尖方位号	刀补号	备注
1	T01	93°粗车右偏外圆刀	20×20	高速钢	3	01	
2	T02	93°精车右偏外圆刀	20×20		3	02	
3	T03	切槽刀4 mm	20×20			03	
4							
编制		审核		批准		共( )页	第( )页

(4)工艺过程卡片

零件26机械加工过程卡片左端见表3.7.3,右端见表3.7.4。

表 3.7.3 零件 26 左端机械加工工艺过程卡片

机械加工工艺过程卡片		产品型号		零(部)件图号	1	共( )页 第( )页			
		产品名称		零(部)件名称					
材料牌号	45#钢	毛坯种类	锻件	毛坯外型尺寸		每毛坯可制件数		每台件数	备注
工序号	工序名称	工序内容	车间	工段	设备	切削用量			
						a_p	n	F	
1	粗车	粗车外轮廓	机加车间		数控车床	0.7	300	150	
2	精车	精车外轮廓				0.3	650	80	
3	切槽	切退刀槽				4	500	50	
4	车螺纹	车削螺纹					500	2	
						设计(日期)	审核(日期)	标准化(日期)	会签(日期)
								工时 准终	单件
标记	处数	更改文件号	签字	日期	标记	处数	更改文件号	签字	日期

表 3.7.4 零件 26 右端机械加工工艺过程卡片

机械加工工艺过程卡片		产品型号		零(部)件图号				共( )页	第( )页
		产品名称	φ40×76	零(部)件名称	1				
材料牌号	45#钢	毛坯种类	锻件	毛坯外型尺寸		每毛坯可制件数		每台件数	备注
工序号	工序名称	工序内容		车间	工段	设备	切削用量		工时
							a_p　n　F		准终　单件
1	粗车	粗车外轮廓		实训车间		数控车床	1.5　300　150		
2	精车	精车外轮廓					0.3　800　80		
3	切槽	切宽槽					4　300　30		
4									
5									
					设计(日期)	审核(日期)	标准化(日期)		会签(日期)
标记	处数	更改文件号	签字	日期	标记	处数	更改文件号	签字	日期

（5）参考程序

①综合实训零件 26 左端的数控程序见表 3.7.5。

表 3.7.5 零件 26 左端的数控程序

程序号	O0043	
程序段号	程序段内容	注 释
N01	T0101；	选择 1#刀设置工件零点
N05	G98；	设定进给速度单位
N10	M03 S300；	主轴正转
N15	G00 X40. Z0；	刀具快速移至右端面工件外侧点
N20	G01 X0. F60；	切削右端面
N25	Z2.；	退刀
N30	G00 G41 X40. Z2；	刀具快速移至粗车循环点
N35	G71 U1.0 R1.；	定义车削循环
N40	G71 P45 Q70 U0.5 W0 F100；	
N45	G00 X16.74.；	切削起点 A 点的 X 坐标
N50	G01 Z0.；	Z 向定位
N55	G01 Z-1.5.；	切倒角
N60	G01 Z-17.；	外圆切削
N65	X23.99；	X 向定位
N70	W-7.025.；	切削外圆
N75	G40 G00 X100. Z100.；	取消刀补
N80	M00；	程序暂停
N85	T0202	选择 2#刀,2#刀补
N90	M03 S800；	主轴正转
N95	G00 G41 X40. Z2；	刀具快速移至粗车循环点
N100	G70 P45 Q70	精车外轮廓
N105	G00 G40 X100.；	取消刀补
N130	Z100.	快速到起刀点
N135	M05	主轴停
N135	T0303；	换 3#刀
N140	M03 S500；	主轴正转
N145	G00 X35. Z-17.；	移至起刀点
N150	G01 X17. F50；	切槽
N155	G01 X35.；	X 向退刀
N160	G00 X100. Z100.；	退至换刀点
N165	M00；	程序暂停
N170	T0404；	换 4#刀
N175	M03 S500；	主轴正转

续表

程序号	O0043	
程序段号	程序段内容	注 释
N180	G00 X30. Z3.0;	快速到起刀点
N185	G92 X18.84 Z-15.F2.;	切削螺纹
N190	X18.24;	第二刀
N195	X17.74;	第三刀
N200	X17.34;	第四刀
N205	X17.14;	第五刀
N215	G00 X100. Z100.;	退至换刀点
N220	M05;	主轴停转
N225	M30;	程序结束

②综合实训零件 26 右端的数控程序见表 3.7.6。

表 3.7.6　零件 26 右端的数控程序

程序号	O0044	
程序段号	程序段内容	注 释
N01	T0101;	选择 1#刀,设置工件零点
N05	G98;	设定进给速度单位
N10	M03 S300;	主轴正转
N15	G00 X40. Z0;	刀具快速移至右端面工件外侧点
N20	G01 X0. F60;	切削右端面
N25	Z2.;	退刀
N30	G00 G41 X55. Z2;	刀具快速移至粗车循环点
N35	G71 U1.5 R1.;	定义车削循环
N40	G71 P45 Q70 U0.3 W0 F100;	
N45	G00　X14;	切削起点 A 点的 X 坐标
N50	G01 Z0.;	Z 向定位
N55	Z-1.;	倒角
N60	G01 X23.975 Z-20.025;	外圆切削
N65	X29.99;	X 向定位
N70	W-16.025.;	切削外圆
N75	G00 G40 X100. Z100.;	退到换刀点
N80	M05;	主轴停
N85	T0202;	换 2#刀
N90	M03 S800	主轴正转
N95	G00 G41 X40. Z2.0;	快速至起刀点
N100	G70 P45 Q70	精车

续表

程序号	O0044	
程序段号	程序段内容	注　释
N105	G00 G40 X100.	取消半径补偿
N130	Z100.；	到换刀点
N135	M05；	主轴停
N135	T0303；	换 3 号刀
N140	M03 S500；	主轴正转
N145	G00 X30. Z-28.；	快速至起刀点
N150	G75 R1.；	切槽循环
N155	G75 X23.985 Z-32. P1000 Q2000 F30；	
N160	G00 X100. Z100.；	退至换刀点
N165	M05；	主轴停
N170	M30；	程序结束

2. 加工中注意事项

①装刀时让刀尖对准工件回转中心,刀尖角的对称中心线必须与开件轴线严格保持垂直,装刀可用样板来对刀。

②调头后,应测量总长,工件坐标系应设定在总长度 60 的位置,这样便于尺寸计算。

③调头装夹会划伤已加工表面,可以用铜皮保护。

④工件调头后,刀具必须重新对刀。

3. 评分表

表 3.7.7　零件 26 加工评分表

图号		工　种	数控车床操作工	技术等级	初　级	时间	60 分钟
序号	项　目	考核内容	配　分	评分标准	完成情况	单项得分	
1	工艺编制	工艺编制合理	10	根据工艺要求酌情扣分			
2	刀具选用		5	根据刀具要求酌情扣分			
3	对刀		10	重大错误全扣			
4	程序编制		20	重大错误全扣,其余酌情			
5	尺寸	$\phi24^{0}_{-0.021}$	5	超差全扣			
6		$\phi30^{0}_{-0.021}$	3	超差全扣			
7		$\phi24^{0}_{-0.05}$	3	超差全扣			
8		$7^{+0.05}_{0}$	3	超差全扣			
9		$20^{+0.05}_{0}$	3	超差全扣			

续表

图号			工种	数控车床操作工	技术等级	初级	时间	60 分钟
序号	项目		考核内容	配分	评分标准	完成情况	单项得分	
10		$10_0^{+0.05}$		3	超差全扣			
11		$16_0^{+0.05}$		3	超差全扣			
12		$8_{-0.05}^{0}$		3	超差全扣			
13		$60_0^{+0.05}$		3	超差全扣			
14		$M20 \times 2$		5	超差全扣			
15	锥度	1：2.5		3	超差全扣			
16	表面粗糙度	1.6		3	超差全扣			
17	机床维护	安全文明生产,正确维护机床		15	根据实际情况扣分			
18	时间	规定时间完成			每超 10 分钟扣 5 分,超过半小时不给分			

任务二　复杂零件编程与加工(二)

【实训内容】

用数控车床加工如图 3.7.2 所示零件,材料为 45# 钢,毛坯直径为 65 mm,长度为 135 mm,按要求完成零件的加工程序编制。(要求粗加工用固定循环指令,对所选用的刀具、切削用量等作简要说明)

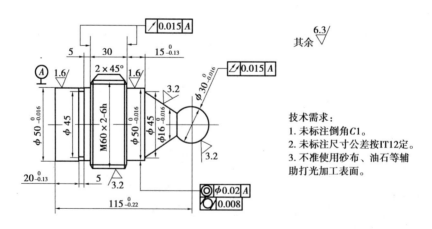

图 3.7.2　零件 27

1. 工艺分析

（1）零件几何特点

（2）加工工序

（3）刀具卡片

①填写加工左端的刀具卡片表3.7.8。

表3.7.8　零件27左端数控加工刀具卡片

数控加工刀具卡片							
产品名称		零件名称		零件图号		程序编号	
序号	刀具号	刀具名称	刀杆规格	刀片材料	刀尖方位号	刀补号	备注
1							
2							
3							
4							
5							
6							
编制		审核		批准		共( )页	第( )页

②填写加工右端的刀具卡片表3.7.9。

表3.7.9　零件27右端数控加工刀具卡片

数控加工刀具卡片							
产品名称		零件名称		零件图号		程序编号	
序号	刀具号	刀具名称	刀杆规格	刀片材料	刀尖方位号	刀补号	备注
1							
2							
3							
4							
5							
6							
编制		审核		批准		共( )页	第( )页

（4）工艺过程

填写综合零件27加工工序所用机械加工过程卡片，左端见表3.7.10，右端见表3.7.11。

表 3.7.10　零件 27 左端机械加工工艺过程卡片

机械加工工艺过程卡片		产品型号		零(部)件图号		共( )页 第( )页	
		产品名称		零(部)件名称			
材料牌号		毛坯种类	毛坯外型尺寸	每毛坯可制件数	每台件数	备注	
工序号	工序名称	工序内容	车间	工段	设备	切削用量 a_p / n / F	工时 准终 / 单件
1							
2							
3							
4							
5							
6							
				设计(日期)	审核(日期)	标准化(日期)	会签(日期)
标记	处数	更改文件号	签字	日期			
标记	处数	更改文件号	签字	日期			

表 3.7.11　零件 27 右端机械加工工艺过程卡片

机械加工工艺过程卡片		产品型号		零(部)件图号			共（　）页　第（　）页
		产品名称		零(部)件名称			备注

材料牌号		毛坯种类		毛坯外型尺寸		每毛坯可制件数		每台件数		备注	

工序号	工序名称	工序内容	车间	工段	设备	切削用量			工时	
						a_p	n	F	准终	单件
1										
2										
3										
4										
5										
6										

		设计（日期）	审核（日期）	标准化（日期）	会签（日期）

标记	处数	更改文件号	签字	日期	标记	处数	更改文件号	签字	日期

179

（5）参考程序

①综合实训零件 27 左端的数控程序见表 3.7.12。

表 3.7.12　零件 27 左端的数控程序

程序号	O0045	
程序段号	程序段内容	注　释
N01		
N05		
N10		
N15		
N20		
N25		
N30		
N35		
N40		
N45		
N50		
N55		
N60		
N65		
N70		
N75		
N80		
N85		
N90		
N95		
N100		
N105		
N130		
N135		
N135		
N140		
N145		
N150		
N155		
N160		
N165		
N170		
N175		
N180		
N185		

程序号	OO0045	
程序段号	程序段内容	注　释
N190		
N195		
N200		

②综合实训零件 27 右端的数控程序见表 3.7.13。

表 3.7.13　零件 27 右端的数控程序

程序号	OO0045	
程序段号	程序段内容	注　释
N01		
N05		
N10		
N15		
N20		
N25		
N30		
N35		
N40		
N45		
N50		
N55		
N60		
N65		
N70		
N75		
N80		
N85		
N90		
N95		
N100		
N105		
N130		
N135		
N135		
N140		
N145		
N150		

续表

程序号	OO0045	
程序段号	程序段内容	注　　释
N155		
N160		
N165		
N170		
N175		
N180		
N185		
N190		

2. 评分表

表 3.7.14　零件 27 加工评分表

图号		工　种	数控车床操作工	技术等级	初　级	时间	60 分钟
序号	项　目	考核内容	配　分	评分标准	完成情况	单项得分	
1	工艺编制	工艺编制合理	10	根据工艺要求酌情扣分			
2	刀具选用		5	根据刀具要求酌情扣分			
3	对刀		10	重大错误全扣			
4	程序编制		20	重大错误全扣,其余酌情			
5	尺寸	$\phi 50_{-0.016}^{0}$	5	超差全扣			
6		$\phi 50_{-0.016}^{0}$	3	超差全扣			
7		$\phi 16_{-0.016}^{0}$	3	超差全扣			
8		$\phi 30_{-0.016}^{0}$	3	超差全扣			
9		$20_{-0.13}^{0}$	3	超差全扣			
10		$115_{-0.22}^{0}$	3	超差全扣			
11		$15_{-0.13}^{0}$	3	超差全扣			
12		M60×2-6h	5	超差全扣			
13		$\phi 45$	3	超差全扣			
14	表面粗糙度	1.6	5	超差全扣			
15	表面粗糙度	3.2	5	超差全扣			
16	机床维护	安全文明生产,正确维护机床	15	根据实际情况扣分			
17	时间	规定时间完成		每超 10 分钟扣 5 分,超过半小时不给分			

项目八　综合训练(八)

任务一　复杂零件编程与加工(一)

【实训目的】

- 掌握合理安排数控加工工艺的方案;
- 掌握调头装夹后工件坐标系的设定;
- 掌握调头装夹后装夹表面的保护;
- 掌握尺寸精度的控制方法。

【重点与难点】

- 数控加工方案的确定;
- 尺寸精度的控制。

【实训内容】

编制如图 3.8.1 所示综合训练零件的数控程序,并加工。

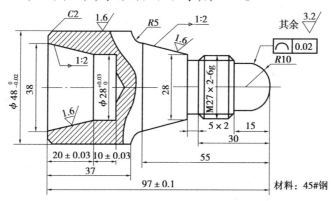

图 3.8.1　零件 28

1. 工艺分析

(1)零件几何特点

该零件右端由圆弧、圆锥、螺纹组成,左端同外圆柱面和内圆柱面组成,是复杂回转体零件。毛坯为 50 mm×100 mm 棒料,材料为 45#钢。

(2)加工工序

工件右端有圆弧、锥度和螺纹,难以装夹,所以先加工好左端内孔和外圆再加工右端。加工左端时,先完成内孔各项尺寸的加工,再精加工外圆尺寸。调头装夹时,要找正左右端同轴度。右端加工时,先完成圆弧和锥度的加工,再进行螺纹加工。弧度和锥度都有相应的要求,在加工锥度和圆弧时,一定要进行刀尖半径补偿才能保证其要求。工艺过程如下:

①粗车左端端面和外圆,留精加工余量 0.3 mm。

②手工钻孔 $\phi24$ mm 底孔,预留切除内孔余量。

③粗镗内孔,留精加工余量 0.5 mm。

④精镗内孔,达到图纸各项要求。

⑤精车左端各表面,达到图纸要求,重点保证ϕ48 mm外圆尺寸。

⑥调头装夹,找正夹紧;粗车右端面锥度和圆弧表面,留精加工余量0.3 mm。

⑦精车右端面锥度和圆弧表面,螺纹大径车小0.2 mm,其余加工达到图纸尺寸和形位公差要求。

⑧车螺纹退刀槽并完成槽口倒角。

⑨螺纹粗、精加工达到图纸要求。

⑩去毛刺,检测工件各项尺寸要求。

（3）刀具卡片

① 加工左端的刀具与工艺参数见表3.8.1。

表3.8.1　零件28左端数控加工刀具卡片

数控加工刀具卡片							
产品名称		零件名称		零件图号		程序编号	
序　号	刀具号	刀具名称	刀杆规格	刀片材料	刀尖方位号	刀补号	备　注
1	T01	93°粗精车右偏外圆刀	20×20	硬质合金	3	01	
2	T02	镗孔车刀	20×20	硬质合金		02	
3	T03	ϕ24 钻头	20×20	高速钢		03	
4							
编制		审核		批准		共（）页	第（）页

②加工右端的刀具与工艺参数见表3.8.2。

表3.8.2　零件28右端数控加工刀具卡片

数控加工刀具卡片							
产品名称		零件名称		零件图号		程序编号	
序　号	刀具号	刀具名称	刀杆规格	刀片材料	刀尖方位号	刀补号	备　注
1	T01	93°右偏外圆刀	20×20	硬质合金	3	01	粗精车
2	T02	切断刀5 mm宽	20×20	硬质合金		02	
3	T03	60°螺纹车刀	20×20	高速钢		03	
4							
编制		审核		批准		共（）页	第（）页

（4）工艺过程

零件28机械加工过程卡片左端见表3.8.3,右端见表3.8.4。

表3.8.3　零件28 左端机械加工工艺过程卡片

机械加工工艺过程卡片		产品型号		零(部)件图号			共( )页　第( )页	
		产品名称 $\phi50\times100$		零(部)件名称 1			备注	
材料牌号 45#钢	毛坯种类 锻件	毛坯外型尺寸		每毛坯可制件数	每台件数		工时	
				设备			准终	单件
工序号	工序名称	工序内容	车间	工段	设备	切削用量		
						a_p	n	F
1	粗车	粗车外轮廓	机加车间		数控车床	0.7	300	150
2	钻孔	钻孔 $\phi24$ mm底孔						
3	粗镗	粗镗内表面				1	350	70
4	精镗	精镗内表面				0.3	1 000	80
5	精车	精车外轮廓				0.3	650	65
					设计(日期)	审核(日期)	标准化(日期)	会签(日期)
标记	处数	更改文件号	签字	日期	标记	处数	更改文件号	签字	日期

185

表 3.8.4 零件 28 右端机械加工工艺过程卡片

机械加工工艺过程卡片		产品型号		零(部)件图号			共( )页 第( )页
		产品名称	φ50×100	零(部)件名称	1		备注
材料牌号	45#钢	毛坯种类	锻件	毛坯外型尺寸		每毛坯可制件数	设备	数控车床	每台件数			工时
												准终	单件
工序号	工序名称	工序内容		车间	工段		切削用量			
							a_p	n	F	
1	粗车	粗车外轮廓		机加车间			1.5	300	60	
2	精车	精车外轮廓					0.3	800	80	
3	切槽	切退刀槽					5	300	30	
4	切螺纹	车螺纹						800	螺距:2	
5										
					设计(日期)	审核(日期)	标准化(日期)	会签(日期)
标记	处数	更改文件号	签字	日期	标记	处数	更改文件号	签字	日期

（5）参考程序

①综合零件 28 左端的数控程序见表 3.8.5。

表 3.8.5　零件 28 左端的数控程序

程序号	O0046	
程序段号	程序段内容	注　释
N01	T0101；	选择 1#刀,设置工件零点
N05	G98；	设定进给速度单位
N10	M03 S300；	主轴正转
N15	G00 X55. Z0 ；	刀具快速移至右端面工件外侧点
N20	G01 X0. F60；	切削右端面
N25	Z2.；	退刀
N30	G00 G41 X55. Z2 ；	刀具快速移至粗车循环点
N35	G71 U0.7 R1.；	定义车削循环
N40	G71 P45 Q60 U0.5 W0 F100；	
N45	G00　X44.；	切削起点 A 点的 X 坐标
N50	G01 Z0. F100；	Z 向定位
N55	G01 Z-2.；	切倒角
N60	G01 Z-37.；	外圆切削
N65	G00 X100.；	退刀
N70	Z-20.；	
N75	M00；	程序暂停,手动钻孔
N80	T0202	选择 2#刀,2#刀补
N85	M03 S350；	主轴正转
N90	G00 G42 X20. Z3.；	快速到起刀点
N95	G71 U1.0 R1.0	定义镗削循环
N100	G71 P95　Q135　U0.5 W0 F80；	
N105	G01 X38.；	刀具至起刀点
N130	G01 Z0；	Z 向定位
N135	G01 X28. Z-20.；	镗锥孔
N135	G01 Z-30.；	镗孔
N140	M00；	程序暂停
N145	M03 S1000；	调高主轴转速
N150	G70 P95 Q135	精镗孔
N155	G40 G00 X100.；	取消半径补偿
N160	G00 Z100.；	退至换刀点
N165	T0101；	换 1#刀
N170	M03 S650；	主轴正转
N175	G00 X55. Z2.；	至起刀点

续表

程序号	O0046	
程序段号	程序段内容	注　释
N180	G70 P45 Q60;	精车外圆
N185	G00 X100. Z100.	退至换刀点
N190	M05;	主轴停转
N195	M30;	程序结束

②综合实训零件 28 右端的数控程序见表 3.8.6。

表 3.8.6　零件 28 右端的数控程序

程序号	O0047	
程序段号	程序段内容	注　释
N01	T0101;	选择 1#刀,设置工件零点
N05	G98;	设定进给速度单位
N10	M03 S300;	主轴正转
N15	G00 X55. Z0 ;	刀具快速移至右端面工件外侧点
N20	G01 X0. F60;	切削右端面
N25	Z2. ;	退刀
N30	G00 X55. Z2 ;	刀具快速移至粗车循环点
N35	G71 U1.5 R1. ;	定义车削循环
N40	G71 P45 Q85 U0.3 W0 F100;	
N45	G42 G00　X0;	切削起点 A 点的 X 坐标
N50	G01 Z0. ;	Z 向定位
N55	G03 X20. Z-10. R10. F30;	切倒角
N60	G01 Z-15. ;	外圆切削
N65	X23. ;	X 向定位
N70	X26.74 Z-17. ;	切削外圆
N75	X28. ;	X 向定位
N80	X38. Z-55. ;	切削锥面
N85	G02 X48. Z-60. R5.	切削圆弧
N90	G70 P45　Q85	精车外轮廓
N95	G00 G40 X100. Z100. ;	退至换刀点
N100	M00	程序暂停
N105	T0202	选择 2#刀,2#刀补
N130	M03 S300;	主轴正转
N135	G00 X30. Z-35.. ;	快速到起刀点
N135	G01 X23. Z-35. F40;	切槽
N140	G01 X27. ;	X 向定位

程序号	O0047	
程序段号	程序段内容	注　释
N145	Z-33.；	Z向定位
N150	G01 X23. Z-35.	切倒角
N155	G01 X55.	退刀
N160	G00 X100. Z100.	退至换刀点
N165	M00；	程序 暂停
N170	T0303；	换3#刀
N175	M03 S800	主轴正转
N180	G00 X30. Z-13.0；	切削螺纹起刀点
N185	G92 X25.94 Z-33 F2；	切削螺纹
N190	X25.34	第二次
N200	X24.84	第三次
N205	X24.54	第四次
N210	X24.4	第五次
N215	G00 X100. Z100.；	退至换刀点
N220	M05；	主轴停
N225	M30；	程序结束

2. 加工中注意事项

①装刀时让刀尖对准工件回转中心,刀尖角的对称中心线必须与开件轴线严格保持垂直,装刀可用样板来对刀。

②调头后,应测量总长,工件坐标系应设定在总长度为97的地方,这样便于尺寸计算。

③调头装夹会划伤已加工表面,可以用铜皮保护。

④工件调头后,刀具要重新对刀。

3. 评分表

表 3.8.7　零件28 加工评分表

图号		工　种	数控车床操作工	技术等级	初　级	时间	60分钟
序号	项　目	考核内容	配　分	评分标准	完成情况	单项得分	
1	工艺编制	工艺编制合理	10	根据工艺要求酌情扣分			
2	刀具选用		5	根据刀具要求酌情扣分			
3	对刀		10	重大错误全扣			

续表

图号		工　种	数控车床操作工	技术等级	初　级	时间	60分钟
序号	项　目	考核内容	配　分	评分标准	完成情况	单项得分	
4	程序编制		20	重大错误全扣,其余酌情			
5	尺寸	$\phi 48^{0}_{-0.02}$	10	超差全扣			
6		$\phi 48^{0.03}_{0}$	3	超差全扣			
7		20 ± 0.03	3	超差全扣			
8		10 ± 0.03	3	超差全扣			
9		97 ± 0.01	3	超差全扣			
10		M27×2-6g	10	超差全扣			
11	锥度	1:2	3	超差全扣			
12	圆弧	R10	3	超差全扣			
13	表面粗糙度	1.6	3	超差全扣			
14	机床维护	安全文明生产,正确维护机床	15	根据实际情况扣分			
15	时间	规定时间完成		每超10分钟扣5分,超过半小时不给分			

任务二　复杂零件编程与加工(二)

【实训内容】

编制如图3.8.2所示零件的数控程序,并进行加工,毛坯尺寸为$\phi 40 \times 115$棒料,材料为45#钢。

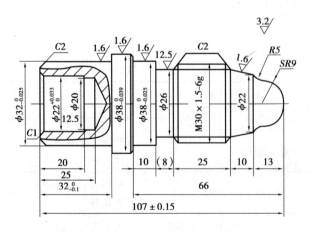

图3.8.2　零件29

1. 工艺分析

(1)零件几何特点

(2)加工工序

(3)刀具卡片

①填写加工左端的刀具表3.8.8。

表3.8.8　零件29左端数控加工刀具卡片

数控加工刀具卡片							
产品名称		零件名称		零件图号		程序编号	
序号	刀具号	刀具名称	刀杆规格	刀片材料	刀尖方位号	刀补号	备注
1							
2							
3							
4							
5							
6							
编制		审核		批准		共( )页	第( )页

②填写加工右端的刀具表3.8.9。

表3.8.9　零件29右端数控加工刀具卡片

数控加工刀具卡片							
产品名称		零件名称		零件图号		程序编号	
序号	刀具号	刀具名称	刀杆规格	刀片材料	刀尖方位号	刀补号	备注
1							
2							
3							
4							
5							
6							
编制		审核		批准		共( )页	第( )页

(4)工艺过程

填写数控加工工序所用机械加工过程卡片左端表3.8.10,右端表3.8.11。

表 3.8.10 零件 29 左端机械加工工艺过程卡片

机械加工工艺过程卡片		产品型号		零(部)件图号		共( )页 第( )页
		产品名称		零(部)件名称		备注
材料牌号		毛坯种类	毛坯外型尺寸	每毛坯可制件数	每台件数	
工序号	工序名称	工序内容	车间	工段	设备	切削用量 a_p / n / F	工时 准终 / 单件
1							
2							
3							
4							
5							
6							
			设计(日期)	审核(日期)	标准化(日期)	会签(日期)
标记	处数	更改文件号	签字	日期	标记 处数 更改文件号 签字 日期	

表 3.8.11　零件 29 右端机械加工工艺过程卡片

机械加工工艺过程卡片		产品型号		零（部）件图号			共（）页　第（）页
		产品名称		零（部）件名称			

材料牌号	毛坯种类	毛坯外型尺寸	每毛坯可制件数	每台件数		备注	

工序号	工序名称	工序内容	车间	工段	设备	切削用量 a_p	切削用量 n	切削用量 F	工时 准终	工时 单件
1										
2										
3										
4										
5										
6										

			设计（日期）	审核（日期）	标准化（日期）	会签（日期）

标记	处数	更改文件号	签字	日期	标记	处数	更改文件号	签字	日期	

（5）参考程序

①填写综合零件 29 左端的数控程序见表 3.8.12。

表 3.8.12　零件 29 左端的数控程序

程序号	O0049	
程序段号	程序段内容	注　释
N01		
N05		
N10		
N15		
N20		
N25		
N30		
N35		
N40		
N45		
N50		
N55		
N60		
N65		
N70		
N75		
N80		
N85		
N90		
N95		
N100		
N105		
N130		
N135		
N135·		
N140		
N145		
N150		
N155		
N160		
N165		
N170		
N175		
N180		

②填写综合零件 29 右端的数控程序见表 3.8.13。

表 3.8.13　零件 29 右端的数控程序

程序号	OO050	
程序段号	程序段内容	注　释
N01		
N05		
N10		
N15		
N20		
N25		
N30		
N35		
N40		
N45		
N50		
N55		
N60		
N65		
N70		
N75		
N80		
N85		
N90		
N95		
N100		
N105		
N130		
N135		
N135		
N140		
N145		
N150		
N155		
N160		
N165		
N170		
N175		
N180		
N185		

2. 评分表

表 3.8.14 零件 29 加工评分表

图号		工 种	数控车床操作工	技术等级	初 级	时间	60 分钟
序号	项 目	考核内容	配 分	评分标准	完成情况	单项得分	
1	工艺编制	工艺编制合理	10	根据工艺要求酌情扣分			
2	刀具选用		5	根据刀具要求酌情扣分			
3	对刀		10	重大错误全扣			
4	程序编制		20	重大错误全扣,其余酌情			
5	尺寸	$32^{0}_{-0.025}$	10	超差全扣			
6		$22^{0.033}_{0}$	3	超差全扣			
7		$\phi 38^{0}_{-0.039}$	3	超差全扣			
8		$\phi 38^{0}_{-0.025}$		超差全扣			
9		$32^{0}_{-0.01}$	3	超差全扣			
10		107 ± 0.015	3	超差全扣			
11		$M27 \times 2\text{-}6g$	10	超差全扣			
12	球	$SR9$	3	超差全扣			
13	圆弧	$R5$	3	超差全扣			
14	表面粗糙度	1.6	3	超差全扣			
15	机床维护	安全文明生产,正确维护机床	15	根据实际情况扣分			
16	时间	规定时间完成		每超 10 分钟扣 5 分,超过半小时不给分			

参考文献

[1] 杨保成,吕斌杰,赵汶.数控车床编程与典型零件加工[M].北京:化学工业出版社,2015.

[2] 席凤征,毕可顺.数控车床编程与操作[M].北京:科学出版社,2014.

[3] 刘蔡保.数控车床编程与操作[M].北京:化学工业出版社,2009.

[4] 杨嘉杰.数控机床编程与操作(数控车床分册)[M].北京:中国劳动社会保障出版社,2005.

[5] 陈建军.数控车编程与操作[M].北京:北京理工大学出版社,2009.

[6] 沈建峰,虞俊.数控车工(高级)[M].北京:机械工业出版社,2006.

[7] 陈兴云.数控机床编程与加工[M].北京:机械工业出版社,2009.

[8] 宗国成.数控车工技能鉴定考核与培训教程[M].北京:机械工业出版社,2006.

[9] 韩加好.数控编程与操作技术[M].北京:冶金工业出版社,2008.

[10] 顾雪艳.数控加工编程操作技巧与禁忌[M].北京:机械工业出版社,2008.